日本のロケット
真実の軌跡
合本版

宮川 輝子

22世紀アート

『日本のロケット・真実の軌跡』２冊合作集の発売にあたって

この度、「日本のロケット　真実の軌跡」が電子書籍として甦ることとなりました。良識ある多くの方々の並々ならないご支援の賜と、深く感謝申し上げます

日本のロケット開発は〝売名やパフォーマンス〟ではありません。

日本のロケット開発は、戦後の一時期を除いて中断されたものの、戦中に於いてもドイツと並び、当時は先駆的な地位を確保していたのです。

戦後間もなく国策として始動された宇宙開発は、科学技術庁・航空宇宙技術研究所の宮川らによって、ＬＳＡ、ＬＳＢ、ＬＳＣ、Ｑ－Ｎ１、Ｎ２、Ｈ１、そしてＨ２ロケットへと全て目的を似って開発が進められてきました。人工衛星きく、うめ、さくら、あやめ、ひまわり、ゆり、あじさい、もも、ふよう等、気象観測や通信放送、カーナビゲーションや世界初の実用ハイヴィジョン専門放送等の用途進展に合わせて開発が進められ、これらは、災害時や、離島の通信、国土調査、農林漁業、環境保全、防災、沿岸監視など私たちの生活や社会

に貢献しています。その恩恵は、日本だけでなく、東アジア、太平洋地域の多くの国々に及びます。

この出版の縁で、戦時中に我が国で開発されたドイツのＶ２と並ぶ『奮龍』が、メリーランド州のスミソニアン航空博物館に秋水、桜花とともに展示されているという情報に接しました。Ｖ２は月へのアポロ計画に繋がりましたが、『奮龍』はＨ２ロケットへと進化していきました。

宮川輝子

【ＬＥ-３】

Ｎ－Ｉロケットの２段目に搭載された液体燃料ロケットエンジン。後継のロケットエンジンであるＬＥ－５ロケットエンジン、ＬＥ－７ロケットエンジンの基礎となる。

【ＬＥ-5】

Ｈ－Ⅰロケットと H－Ⅱロケットの２段目に搭載。それまで難しいといわれていた液体酸素と液体水素の再燃を可能にした画期的な液体燃料エンジン。推力はＬＥ－３ロケットから20％アップしている。ガス発生サイクル方式から水素ブリードサイクルに変更したため、シンプルで故障の少ない構造となった。

【LE-7】

H－Ⅱロケットの1段目に使用された110トンの推力を持つ液体燃料ロケットエンジン。推進剤を効率よく使うため2段燃焼サイクルの技術が用いられている。プリバーナでは主燃焼室より圧力を高め、酸素を少なくして低温で燃焼させる。このガスでターボポンプを回転させてから、すべてのガスを主燃料室に送り、酸素を加えて2回目の燃焼を行なう。スペースシャトルやソ連のエネルギアなどで実用化している。日本では初めての挑戦だったが、スペースシャトルのものよりシンプルな構造になっているため、ロケットの構造が有利になっている。

はじめに

本書執筆の動機

私はこの本を出版するために生まれてきたのかもしれない。私だからやらなければならない。私しかできない。傘寿を迎えて、使命感が首をもたげてきた。思えば不思議な縁である。これまで長い間、時々頭をよぎっていたこのテーマに取り組む……、いよいよその「時」が来た。

私の使命は日本のロケット開発について知るところを語り、真実を明らかにすることだ。

日本の戦後のロケット史は一つの驚異といえよう。他の国のように軍が主導することもなく、冷戦時代の超大国のように国の威信をかけて巨額の国費をつぎ込むこともなく、関係者がただひたすら地道に開発に打ち込み、気がつけば世界有数のロケット大国として名乗りを上げるに至ったのだから。このことは日本人の優秀さ、粘り強さがもたらした大いなる偉業として称賛されてしかるべきだろう。

しかし、世に出回っている多くの出版物をはじめ、日本の宇宙開発やロケット開発に関するマスメディアの情報には看過できない誤りがある。

そして私は長い間、作り話がまかり通ってきたことを知っている。

本書の執筆にあたり、もしかすると参考になるかもしれないと神奈川県相模原市にある宇宙航空研究機構（ＪＡＸＡ）の宇宙教育センターを訪れてみたが、芸能プロダクションのショールームのような雰囲気に空々しさを感じた。

私は何かを求めて、種子島の宇宙センターを訪れた。そこには相模原の施設とは異なるアカデミックな雰囲気があった。私は歩を進めた。奥に進むと、薄暗く荘厳な雰囲気の展示室にライトを浴びたロケットエンジンが威厳に満ちた様子で鎮座していた。

「あぁ、これだ！　これだったんだ！」

私は、小さく叫んでしまった。

ライトで照らしだされていたのは私の亡くなった夫、宮川行雄が手がけたロケットエンジンの数々だった。

私は１９５５年（昭和30年）に、東京大学理工学研究所に勤務する宮川行雄と結婚した。新婚早々、彼や周りの人々から聞かされたのは「近く国産近代ロケット研究開発の任務を背負って、東京・深大寺の地に開設される総理府所轄の航空技術研究所へ勤務先が変わる」ということであった。

　私の夫は科学者として日本のロケット開発に深く関与することになり、身近にいた私もさまざまなことを見聞きしてきた。

　しかし現在、世に出回っている日本のロケット創生の物語と、私の立場で見聞きしてきたことは一致しない。出版物などのマスメディアの情報のほとんどには巧妙な改ざんが加えられ、そして、その権利があるのか疑わしい者たちが、まるで自分たちこそ日本ロケット界の主役であるかのごとく振る舞っていることである。

　ここで真実の概略を述べておこう。

　我が国の近代ロケットの研究開発は、昭和の初頭に始まり、第二次世界大戦中も進められていた。大戦後、米ソが覇権を争う熾烈な東西冷戦状態となり、両陣営は存亡をかけ、科学技術の水準を競い合った。とりわけ世界中の科学技術開発の最重要課題となったのが、１９４２年にナチス・ドイツによって人類史上初めて宇宙圏を制覇した液体燃料ロケットミサイルＶ―２であった。

　戦後間もない１９４８年（昭和23年）、日本の頭脳陣と日本政府は科学技術行政協議会を設置、航空再建方策を審議し、１９５３年（昭和28年）航空技術審議会において総理府管轄の航空技術研究所を設置する。この組織の前身となったのが、亡夫が１９４４年（昭和19年）から勤務していた東京帝国大学航空研究所であった。

第二次大戦後、日本の近代ロケットの開発は、１９５５年（昭和30年）、東京調布に新設された総理府管轄の国立航空技術研究所、後に科学技術庁・航空宇宙技術研究所（ＮＡＬ）と改称された研究所において国家プロジェクトとして始まり、進められた。これが歴史的事実である。

ところが、どういうわけか、日本におけるロケット開発の歴史が語られるとき、たいてい一人の人物の業績から説き起こされる。「日本の宇宙開発の父」の「ペンシルロケットから日本の宇宙開発は始まった」という決まり文句とともに……。

ここにはどのようなカラクリがあるのか。そして日本のロケット開発の現場で本当はどのようなことが行われていたのか。本書でこのことを辿ってみたい。

目次

第六章　我が国の人工衛星　143

私の活動軌跡　261

エピローグ　445

第一章　ロケットの歴史

ロケットとは何か

一口で言えば「砲」である。先の大戦中は、敵性語として、「ロケット」の呼称は禁じられていた。

ロケットは、大別して固体燃料ロケットと液体燃料ロケットに分けられる。固体燃料ロケットの起源は遠く11世紀といわれ、アームストロング砲、バズーカ砲、各種ミサイルなど弓矢に次ぐ武器として発達してきた。

第二次世界大戦後、宇宙開発を目指して世界各国が研究開発にしのぎを削ったのは、ナチス・ドイツのV—2を祖とする液体燃料ロケットである。ちなみに、液体燃料ロケットの原動機はエンジンであり、固体燃料ロケットは、モーターと呼ばれる。

液体燃料ロケットと固体燃料ロケットとはまったく別物といってよいほどレベルが異なる。このことを念頭に置いて、ロケットの歴史は、紐解かなければならない。

ロケットの起源はアジア

11世紀の火薬の発明と共に人類はロケットの開発を始めた、といってよいだろう。世界史上、火薬を最初に武器に利用したのは古代中国とされている。火薬を用いたロケットの起源も11世紀頃の中国と見られている。ただし武器といっても当初はロケット花火のようなもので、せいぜい敵の軍馬を驚かせる程度のものだったようだ。

宋の時代には「火箭」という火薬ロケットが発明されたが、戦闘で火薬を活用したことで知られるのが、モンゴル（元）の軍だ。13世紀の中頃、イランに侵入したモンゴル軍は投石機で火薬弾を放っている。

我が国もモンゴルの軍隊のロケット攻撃を受けたことがある。モンゴル軍が朝鮮の軍と連合して1274年（文永11年）、1281年（弘安4年）の二度にわたって攻め込んで来た、いわゆる文永、弘安の「元寇の役」においてである。

この戦いを描いた『蒙古襲来絵詞』という絵巻物に火薬が炸裂している様子が描かれ、そこに「てつはう」という説明書きがそえられている。てつはう（震天雷）とは火薬を詰め、炸裂させる武器のことだ。この絵巻物について、3人のモンゴル兵とてつはうは後の時代に描き加えられたものではないか、という説があり、また実在していたとしても、爆発音と閃光で敵を威嚇する程度のものだったろう、という見方があったのだが、２００1年（平成13年）に、長崎県の神崎港の海底から実物のてつはうが発見され、直径14センチ、厚さが1・5センチほどの陶製の玉であり、中に鉄片を仕込んだ殺傷用の兵器であったことが判明した。

中国では、14世紀の明代になると「火龍出水」という多段式ロケットが開発されている。

１２５９年の中国の記録に竹筒に入れた小石を火薬に点火して飛ばす「突火槍」という武器がある。やがて竹筒が青銅製の筒になり、「銅銃」と呼ばれるようになった。13世紀に作られた青銅製の銃身が発掘されたことで、モンゴル帝国で作られた銃が西欧に伝わったらしいということも分かってきた。このようにかつてはアジアこそロケットの先進地帯であった。

戦国時代の火箭

朝鮮では14世紀、倭寇の対策のため、中国から火薬の製造技術を導入し、「火車」や「震天雷」といった火薬兵器を製造するようになった。同じ頃、日本にも黒色火薬の製造法が伝わったとされる。

１４６７年（応仁元年）に発生した応仁の乱のとき、細川成之の営中に火槍が準備された、という記録が『碧山日録』にある。このほか、楠木正成が篭城戦で「てつはう」を使用したという伝承があり、太田道灌も「燃土」を用いた狼煙や火箭を使用した、と伝えられている。

1543年（天文12年）に種子島に漂着したポルトガル人によって黒色火薬とマラッカ式火縄銃が伝えられると、各地に割拠する戦国武将はこの強力な武器をこぞって入手した。やがて近江の国友や日野、紀州の根来、和泉の堺などが鉄砲の生産地となり、戦国末期の日本は50万丁を有する世界有数の鉄砲保有国になるのである。

戦国時代には、火薬ロケットを用いた狼煙が通信手段として使用されたが、末期には「棒火矢」という大型の火縄銃から発射するロケット弾が作られるようになった。

1592年（文禄元年）より7年間におよんだ豊臣秀吉の朝鮮の役は日本の敗北で幕を閉じたが、その理由の一つに、ロケット砲による抵抗があったとされる。秀吉の命で朝鮮に出兵した朝鮮出兵軍が明と朝鮮の連合軍の用いる火箭を目にした、という記録がある。

天下分け目の関ヶ原の合戦に備えるため、徳川家康はオランダから兵器を輸入しているが、このときのオランダ船リーデフ号の積み荷の目録に「火箭」とある。

徳川の世となり、太平が訪れると、兵器としての進歩は停滞した。それに代わり、各地の祭礼で農民がロケットを打ち上げるようになる。現在、埼玉県秩父市や静岡県藤枝市、滋賀県米原市などに伝わる龍勢（流星）祭りがそれである。龍勢祭りの起源については明確な記録がないが、戦国時代以降の狼煙がもとであり、平和な時代に農村の神事、娯楽に転じたという説が有力だ。農民の娯楽とはいえ、長いあいだ、技が競われてきたため、その技術は素晴らしいレベルに達した。ペンシルロケットの比ではない。火薬を用いたロケット、すなわち固体燃料ロケットは昔から日本の農民の生活に根づいていたのである。

ヨーロッパでのロケット

アジアで発明され、発展を遂げた火薬兵器はジンギスハーンによって、中央アジア、東ヨーロッパにもたらされ、やがてヨーロッパに伝えられた。

これらの火薬兵器が、「ロケット」と呼ばれるようになったのは、1379年のイタリアの内戦で用いられた火薬兵器に、ムラトリという人物が著書の中で用いた「ロケッタ」という言葉がロケットの語源であるとされる。

1420年には、イタリア人のジョアス・デ・フォンタナが、ロケット水雷やロケット飛行機の図を発表している。

ジャンヌ・ダルクの活躍で有名な英仏戦争でロケット兵器が盛んに用いられ、1492年、フランスがロケット部隊を編成し、パリ南方、ロアール川北岸のオルレアンの防衛線で、イギリス軍に対して使用している。

アジアにおいて武器としてのロケット技術を高度に発達させたのはインドである。

インドを植民地にしたイギリスは、鉄製のロケットによる抵抗に悩まされることになる。1792年に行われたインドのマイソール王国との第二次マイソール戦争で、ティープー・スルタン率いるロケット砲部隊に大いに苦しめられたイギリスはこの武器に関心を持ち、軍人ウィリアム・コングリーヴが中心となって開発を進めた。コングリーヴによって改良されたロケットは、彼の名をとり、「コングリーヴ・ロケット」と呼ばれることになる。

コングリーブ・ロケットはアメリカ独立戦争で威力を発揮した。1814年、ボルティモアのマクヘンリー要塞の攻防戦で、イギリス艦エバレス号が、マクヘンリー要塞に向けてロケットを発射しているが、この攻防戦を経験したアメリカの弁護士フランシス・スコット・キーは、要塞を一晩中、敵の攻撃から守り抜いた人々に感動し、このことを詩にした。

この詩がアメリカ国歌『星条旗』の歌詞となる。

アメリカ国歌の訳詩

And the rockets' red glare,
ロケット弾の赤い閃光と
The bombs bursting in air,
宙に響く爆音が
Gave proof through the night
一晩中、教えてくれた
That our flag was still there.
われわれの旗はまだ立っていることを

１８１５年、イギリスとプロシアが、ナポレオン率いるフランス軍と雌雄を決したワーテルローの戦いでもコングリーブ・ロケットが使用された。

イギリス以外のヨーロッパ諸国も次々に武器としてのロケットを導入した。ロケットの射程距離が伸び、その命中率も向上していった。

その後、イギリス人ウィリアム・ヘールによって機体にスピンを与えて飛行を安定させるという画期的な改良が加えられる。このヘール式ロケットはメキシコ戦争や南北戦争で用いられた。1863年（文久3年）、日本の薩摩藩との間で行われた薩英戦争でも、イギリスの艦隊は鹿児島の町を攻撃するために使用している。

なぜか、鹿児島という土地はロケットに関係が深い。鉄砲伝来の地として有名な鹿児島の種子島に、現在、日本のロケット発射基地が存在するのも不思議な縁である。

幕末の戊辰戦争では、外国からもたらされた銃器や大砲を双方が使用したし、明治新政府は西南戦争で用いるため、イギリスのハーブル商会からヘール式ロケット弾を輸入している。

さらに明治時代の日清戦争、日露戦争を経て、我が国でも近代兵器ロケットの開発が急速に進んでいく。

宇宙旅行の夢から生まれた液体燃料ロケット

19世紀から20世紀に移る頃、人類の宇宙旅行の夢が高まって、さまざまな物語が書かれた。

１８６５年にはジュール・ヴェルヌが、長さ９００フィートの砲で打ち出した直径７フィートの砲弾に乗って月に向かうという内容の『月世界旅行（Dela Terreala Lune)』を書いた。ちなみに帰還した砲弾が北太平洋に着水したのを確認したのがアメリカ海軍のサスケハナ号だ。という設定だが、このサスケハナ号はマシュー・ペリーが条約締結を求めて日本に来航したときの「黒船」だとされる。

ヴェルヌの作品に触発され、さまざまな作品が書かれるようになる。小説だけでなく、１９０２年には、「世界初の職業映画監督」とされるジョルジュ・メリエスが映画『月世界旅行』を発表している。

これらは空想力の産物であったが、驚くべきことに、すでにこの時代に、ロケットの基礎理論を解明した人物が存在していたのである。「宇宙旅行の父」「ロケット工学の父」と呼ばれるコンスタンチン・ツィオルコフスキーである。

彼は１８７６年、「液体燃料ロケットの原理によってのみ宇宙飛行が可能である」という結論に達し、『反作用利用装置による宇宙旅行』を著して、液体水素と液体酸素を燃料とする全長３００メートルのロケットという壮大な構想を示した。

ツィオルコフスキーは液体燃料ロケットこそが宇宙旅行を実現できるロケットと考え、燃料と酸化剤からなる推進剤の量と到達できる速度の式を導き出したが、これはライト兄弟の初飛行のはるか以前のことである。意外にもロケットの基礎的な理論は航空機のそれより早く確立していたのだ。

さらにツィオルコフスキーは多段式ロケットや宇宙ステーションまで考案し、無重力状態についても理論的な説明を行っている。

ドイツの宇宙旅行協会

コンスタンチン・ツィオルコフスキーが宇宙に到着可能な液体燃料のロケットについて論文を発表したことで、世界中でこのテーマに対する関心が一気に深まり、宇宙旅行や月旅行などのSF小説が続々と出回るようになった。

組織的なロケット研究を進めたのがドイツだ。その中心となったのが『惑星空間へのロケット』という論文を書いたヘルマン・オーベルトである。

オーベルトの論文に触発されて、ヨハネス・ヴィンクラー等が1927年、宇宙旅行協会（VfR）を設立する。

宇宙旅行協会は自前のロケット実験場を持ち、1931年には液体燃料ロケットを打ち上げている。

宇宙旅行協会は協会の活動費を稼ぐため、見物料を取ってロケットの打ち上げを行なうようになった。パラシュートを使って回収し、何度も再利用したのである。

この打ち上げが評判となり、協会は会員を増やしていった。会員の中にウェルナー・フォン・ブラウンという若者がいた。この若者こそ後にアメリカに渡り、アポロ計画を推進することになる人物である。

兵器となった液体燃料ロケット

やがて宇宙旅行協会は資金提供を求めて、軍と接触するようになる。

第一次世界大戦に敗れたドイツ（ワイマール共和国）はヴェルサイユ条約によって、艦船、航空機、火砲などの兵器の開発を禁止された。しかし当時、液体燃料ロケットは兵器として認識されておらず、ヴェルサイユ条約でも禁じられていなかった。

１９３２年に、宇宙旅行協会のロケットの打ち上げを見学したヴァルター・ドルンベルガー陸軍大尉は、武器としての液体燃料ロケットの潜在的な威力を見抜き、この研究を進めるため、まだ若い学生だったフォン・ブラウンをスカウトする。

陸軍兵器局の液体燃料ロケット研究所に入ったフォン・ブラウン等は、１９３４年12月、エタノールと液体酸素を推進剤とする小型のA―2ロケットを開発し、2・4キロメートル以上の高度に達するロケットの飛行実験に成功する。

さらに最大高度、射程距離、搭載量を上げるべく研究を進め、1942年10月3日に打ち上げられたA―2ロケットは、ついに人類史上、初めて宇宙空間に到達した人工物となり、192キロメートル先の地点に落下した。

フォン・ブラウンが本格的な実験を行なうようになった頃、ドイツではロケット研究は軍用だけが許される時代を迎えていた。宇宙旅行を実現するために研究が始まった液体燃料ロケット技術は、独裁者アドルフ・ヒトラーのもと、兵器として人類史上初めて宇宙圏を飛んだのである。

ナチスドイツのV―2

総力戦となった第二次世界大戦は各国の科学技術を飛躍的に進展させたが、ことに潜水艦の「ユーボート」、戦闘機の「メッサーシュミット」などを開発したドイツの科学力、技術力にはすさまじいものがあった。

その最たるものが、フォン・ブラウンが中心となって開発を進めた大陸間弾道ミサイル・液体燃料ロケット、V―2である。

第二次世界大戦でドイツ軍の劣勢が明らかになり出した1943年に、ヒトラーはロケットを「報復兵器」として使用することを決定する。

1944年9月7日、世界初の軍事用液体燃料ロケットV―2が発射された。開発のコストがかさんだわりに、命中精度は高くなかったが、何の前触れもなくいきなり飛来してくるV―2はロンドン市民に大きな恐怖感を与えた。

V―2は全長14メートル、直径1・7メートルのロケットで、1000キログラムの弾頭を搭載した状態で約300キロメートルの射程距離があった。推進剤は、アルコールと水の混合燃料と液体酸素であった。

ドイツでは、V―2に続き、アメリカ本土を直接攻撃できるA―10という弾道ミサイルの開発が始まったが、完成を前に終戦を迎えている。

ペーパークリップ作戦

第二次世界大戦後、世界の先進国はナチス・ドイツが開発した高度なロケット技術を取り込もうとやっきになった。

とりわけ積極的にドイツの優秀な頭脳を求めたのがアメリカである。中でも重視した技術分野がロケット工学と原子核物理学であった。

米軍は日本との太平洋戦争の遂行のため、また大戦後、強力なライバルになるはずのソ連にドイツの技術を流さないようにするため、ドイツの科学者を自国に連行している。この一連の作戦のコード名を「ペーパークリップ作戦」という。

フォン・ブラウン等126人の技術者は、ジョージ・パットン大将率いる第3軍に投降し、アメリカ本土に連行された。このほか米軍は貨車300両に積まれたV—2とその部品を獲得している。こうしてナチス・ドイツが崩壊する前後の時期、V—2の開発に関わった技術者の多くがアメリカに活動の拠点を移し、フォン・ブラウン等は「レッドストーン」「ジュピター」「パーシング」「サターン」などの歴代のアメリカのロケットの生みの親となるのである。

一方、ソ連の方もV—2を確保し、250人あまりのドイツの技術者を捕らえている。この技術者グループを率いたのがヘルムート・グレトルップである。グレトルップは、ドイツ国内でロケットの研究を続けさせてもらえる、という条件で協力することになったが、ソ連は彼等を自国の孤島に収容して、新型ミサイルの開発に従事させた。ソ連では20世紀初めから液体燃料ロケットの開発が進められており、自国の技術者がドイツの技術について学んだとみると彼らを東ドイツに帰国させている。ソ連はV—2をコピーしたR—1のほか、核弾頭を搭載した

R―5などを製造する。
このように戦後の世界のロケット開発はドイツのV―2の研究から始まったのである。戦後、アメリカやソ連のほか、フランスやイギリスもV―2を規範としてロケットの研究開発を行なった。後述するように日本でも1955年からドイツのロケットの研究が行なわれた。源流が同じことが、後の我が国のNロケットとフランスのアリアンロケットが酷似している、といわれる所以である。

世界大戦後のロケット開発

第二次世界大戦では、V―2のほかにも、さまざまなロケット兵器が開発され、実戦に投入された。

ロケット先進国であったドイツは、1943年8月に世界初の無線誘導の個体燃料ロケット爆弾であるHs―293を対艦ミサイルとして実戦配備しているし、大型ロケット弾を発射する「ネーベルヴェルファーロケット発射器」を装甲ハーフトラックに搭載したり、自走砲「シュトルムティーガー」の攻撃力を増すため、海軍の対潜用38センチ・ロケット臼砲を搭載したりしている。ロケット砲だけでなく、1939年6月20日にはロケットエンジンを搭載した飛行機Ｈｅ―１７６の飛行を成功させ、さらには「ヴァルター・ロケット」で音速に準ずる飛行も実現している。

大戦中、ロケット技術でドイツに対抗したのがソ連だった。１９４２年にＢＩ―Ｉを飛行させており、ほかにもミグＩ―２７０、ＤＦＳ40、ＤＦＳ１９４などを製造している。ソ連の開発した「カチューシャ」は、トラックに多連装ロケット発射器を乗せ、小型のロケット弾をいっせいに撃ち込む兵器であり、ドイツ軍の兵士は「スターリンのオルガン」と呼んでその威力を恐れた。

宇宙旅行への憧れから本格化した液体燃料ロケットは世界大戦という時代背景から、兵器としての可能性が注目され、開発が進められた。


しかし兵器としての能力が飛躍するのはむしろ大戦が終わってからであった。１９５０年代には核兵器を搭載したロケット弾が開発されることになる。

５５００キロメートル以上の有効射程を有するものを「大陸間弾道ミサイル」という。陸上の基地や潜水艦から発射され、ロケット噴射で高度数百キロメートルに達すると、ロケットエンジンを切り離し、弾頭が目標に向かっていく。この弾頭に核兵器を搭載すれば究極の大量破壊兵器となる。ロケットは一撃で一国を破滅させるほどの威力を備えた究極の兵器にまで発展していくのである。

同時に、液体燃料ロケットは平和目的にも利用されることになり、もともと人類が夢見た宇宙時代を拓いた。アメリカによる人類の月面到達という一大偉業を実現させたほか、さまざまな用途の人工衛星を宇宙空間に打ち上げることで世界の産業や人類の生活に多大な貢献をもたらすことになる。

宇宙開発に戦後の日本がどう関わったか、このことを述べる前に第二次世界大戦中の我が国のロケット技術の知られざる水準に触れておきたい。

今やほとんど忘却され、あるいは無視されている事実がある。日本のロケット技術は終戦間際の一時期、世界最高水準に到達していた。という事実である。

種子島宇宙センター

第二章　大戦中の日本の技術水準

宮川の人生の軌道

私の亡くなった夫、宮川行雄は、ロケットの開発に生涯を捧げた科学者であった。

彼は１９２４年（大正13年）年二月、当時、「東北一の豪商」といわれた青森県弘前市の「かくは宮川家」六代目徳一郎の四男としてこの世に生を受けた。生家は二万坪の敷地に七つの酒蔵を持つ造り酒屋であり、近隣の人々に「ヒノキ御殿」と呼ばれていた。その三階建ての屋敷で彼は生まれた。このとき二人の兄はすでに夭折していた。

「かくは宮川家」は、造り酒屋のほか、近代的な鉄筋三階建てエレベーターを備えたデパート「かくは宮川デパート」を経営し、さらに宮川銀行、宮川弘前銀行、宮川相互銀行などを営み、鉄道事業にも手を広げ、弘南鉄道の建設に取りかかっていた。後にこれらの銀行は第五十九銀行に合併され、戦後、青森銀行となった。

宮川家の墓所は、弘前市新寺町の専徳寺にある。ご住職の藤野護氏は、「かくは宮川デパートの屋上遊園地の回転木馬などで遊ぶことが子供時代のステータスだった」と、なつかしげに語られた。

宮川家の墓には「明治十四年久一郎建墓」と刻まれ、過去帳には、嘉永や安政、文久時代のご先祖様が記載されている。

私は年に何回か、少なくとも一回は、夫や長男、ご先祖様方が眠るこの墓にお参りする。以前は、一泊しなければならなかったが、今は航空機が数便あるおかげで、日帰りの墓参が可能になった。

松森町の旧宮川家の屋敷跡は、今では大部分が住宅地となっているが、登記簿上なぜか30坪足らずの土地が残っていて、その小さな土地に昔、造り酒屋の時代に活躍した井戸がマンホールになって残っている。私は、この土地に山法師と花水木を記念に植えた。山法師は宮川が後年、教授として教鞭をとった法政大学のキャンパス内にも宮川行雄の記念樹として植えられた。

旧屋敷の一角に小さな古いお稲荷さんがある。きっと宮川のご先祖様方もお参りされたのであろうと、墓参時には、この記念樹とお稲荷さんを訪れることにしている。彼はこのお稲荷さんに1990年（平成2年）赤い鳥居を献納した。

弘前の人の中には、いまだに「かくは宮川」をなつかしんでおられる方がいて、墓参の折に愛蔵の徳利を持ってきて見せてくださった方がいた。造り酒屋時代に活躍した徳利である。数年前、弘前を訪れた際、私は古物商でその徳利を見つけた。「これを手放すのはとても寂しいけど……」と店の主はつぶやきながら、丁寧に、労わるようにその徳利を包んでくれた。

宮川行雄の曾祖父である一代目久一郎と祖父の二代目久一郎はいずれも貴族院議員を務めており、父徳一郎は中央政界で活躍した尾崎行雄に傾倒する弘前市の市会議員であった。宮川の名、「行雄」は、尊敬する尾崎行雄の名をもらってつけられた。ゆくゆくは政治家になってもらいたかったようである。

しかし、1927年（昭和2年）、宮川が三歳のとき、父徳一郎の急死によって、政治家への道が約束されていた彼の人生は一転、学者への人生を辿ることになる。

その後、二度にわたる大火に見舞われたのを

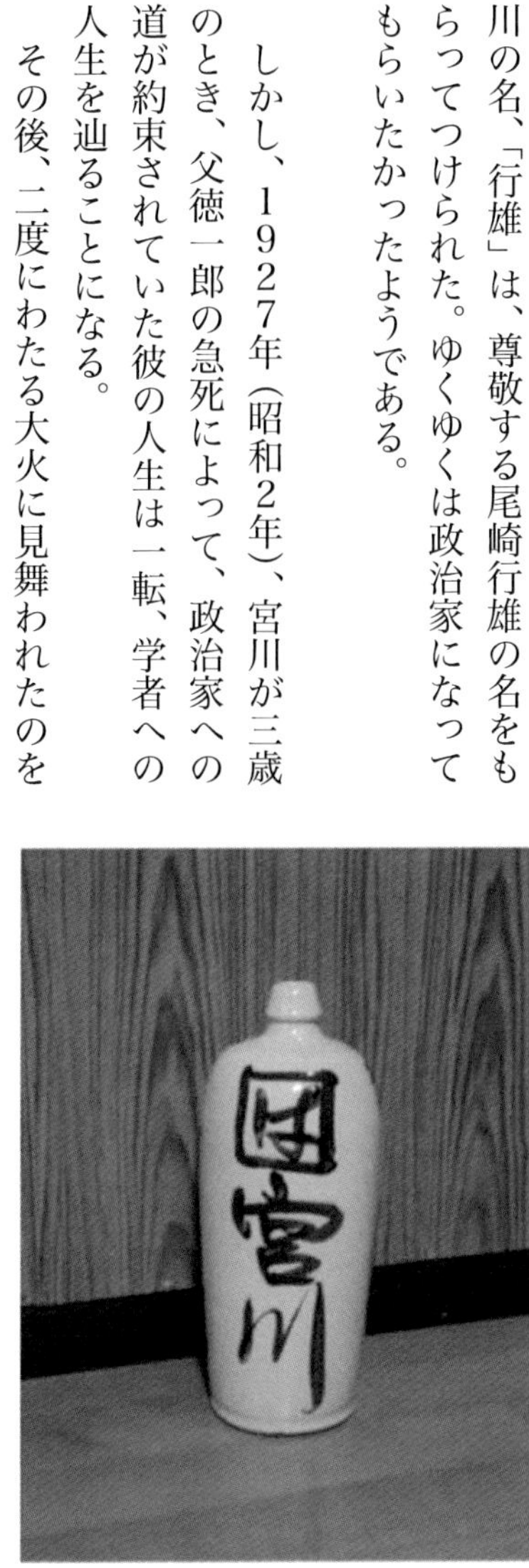

酒造時代に
使用した徳利

機に、宮川家は一家を挙げて東京に移り住み、ちょうど宅地開発中であった東京の成城学園前の450坪の敷地に建坪90坪、部屋数19の家を構えた。母を中心に二人の姉、兄、弟、一代目久一郎の妻・曾祖母の七人家族、さらに七人の女中、書生、看護婦という大世帯だった。周りから「成城の皇室」と言われるような豪勢な生活だったというが、曾祖母は「宮川家もこんなになってしまったか」と嘆くことしきりだったという。母は、当時一般にはなじみの薄い百円札を何枚も財布に入れて銀座のエステ（当時から特別な階級の婦人たちが利用していた）や日本橋の三越への買い物にハイヤーで出かけるのが楽しみだったようだ。

1935年（昭和10年）、兄の病死により、彼は「かくは」八代目の当主となった。まだ十一歳で、実権は、母とその取り巻きに握られていた。

その宮川家の財産も戦後の財閥解体や猛烈なインフレの大波によってあらかた消えてしまう。不在地主として取り上げられた田畑は二十二町歩、財産税合わせて60万円ほどだったという。戦後、弘前駅前の道路は、宮川によって弘前市へ寄贈されたが、このほか、弘前駅前の商業地2000坪、松森町の二万坪の屋敷、東京の成城学園前の豪邸もいつの間にか宮川家の財を当てにする人たちによって失われていった。

東北地方で初めての近代百貨店「かくは宮川デパート」。開業は1923年（大正12年）1月25日。当時の新聞によると、落成時の建物は、新館・旧館・食堂など合わせて延坪数540

坪（約１７８２平方メートル）、鉄筋コンクリート３階建て（塔屋４階建て）という弘前随一の高さで、エレベーターを備えるなど設備も充実していた。屋上遊園地にあった回転木馬などの遊具が評判で、多数の買い物客が押しかけて大混乱が生じるほど好調な開業であった。１９３５年（昭和10年）には５階建てに増築した。第二次世界大戦で弘前は空襲に遭わなかったため、店舗は無傷のまま残ったが、戦後、進駐軍に接収された。返還後に営業を再開したが、１９８１年（昭和56年）に閉店した。

創立当時の
「かくは宮川デパート」

「身震いするような秀才」

1942年（昭和17年）、成城学園高等科を卒業した宮川は、東京帝国大学工学部機械工学科へと進んだ。
「当時の東京帝国大学工学部機械工学科といえば、身ぶるいするような秀才でなければ入れなかった」とは、往年の名優であり、隣人であった神田隆さんがよくいわれていたことである。東京帝国大学の文学部仏文科を出た秀才の神田さんも、同じく帝大法科出の書生も、機械工学科の学生たちの猛勉強ぶりにはタジタジであったらしい。

帝大時代の宮川の学科履修が記された学習簿から猛勉強ぶりがうかがえる。

数学、力学、応用力学及び演習第一、水力学、応用物理学第一、応用物理学第二、熱及び熱機関、機構学、機械工作法、機械設計第一、一般電気工学第一、機械力学、数学演習（甲組）、力学演習（甲組）、物理学実験、機械製図、機械工学実習、熱力学、実験機械工学、一般電気工学第二、金属組織学第一、金属材料、製造冶金学第一、水力機械、蒸気タービン、内燃機関、機械設計第二、工作機械、熱工学特論、電気工学実験大要第一、機械工学実験、機械製図第二、機械工学実地演習、舶用機関、航空原動機構造及び設計、応用弾性学第一、精密工学第三、工業経済。

ロケット開発は、子供だましのパフォーマンスなどではない。膨大な知識の蓄えと身を削る研鑽を要するものだということがよく分かる。

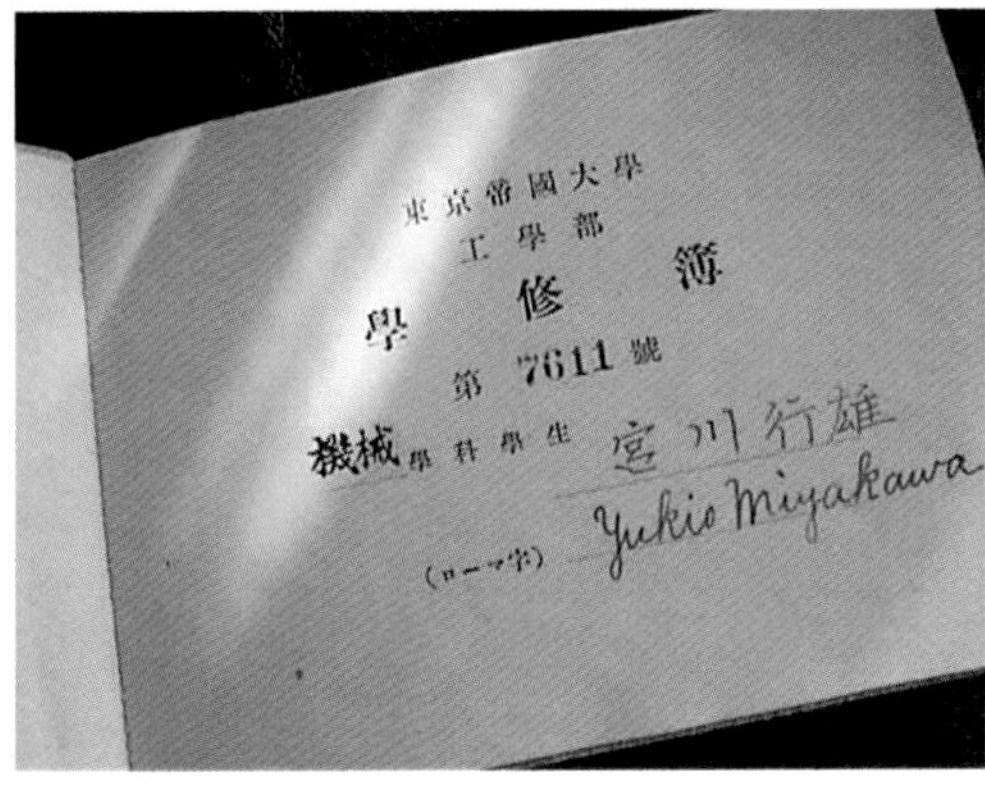

宮川行雄の学習簿

東京帝国大学航空研究所

宮川は戦争の真っ只中、東京帝国大学工学部機械工学科で学んだ。同世代の学生たちが次々と学徒動員され、戦場へ、軍需工場へと赴く中、彼は１９４４年（昭和19年）９月、大学を卒業するとそのまま東京帝国大学航空研究所に勤務する。

18世紀のイギリスの産業革命を経て機械の技術革新が進み、世界の先進工業国では各種内燃機関の開発が行なわれ、石油の大量採油技術とあいまって自動車、飛行機、船舶などの製造が盛んに行われるようになった。

日本も国運をかけてこれらの技術開発に注力した。東京帝国大学航空研究所こそ、その総本山であった。

東京帝国大学航空研究所は、江戸幕府の兵器廠だった東京越中島に、１９２１年（大正10年）東京帝国大学航空研究所として設置されたが、その２年後の関東大震災で被災し、１９３１年（昭和６年）に目黒駒場の地に移った。このとき、昭和天皇の臨幸を仰いで、開所式が行われている。外観、内容ともに、欧米のそれに勝るとも劣らない、我が国の先端科学技術の学術研究機関であった。

この世界屈指の研究機関では「より高く、より速く、より遠く」を目標として世界記録を樹立するような高性能の航空機などが次々に開発された。現在は、東京大学先端科学研究センターとなっている。

宮川が入所した頃、戦況はいよいよ厳しくなっていた。当時の緊迫した研究所の雰囲気には想像を絶するものがある。国民の生命がかかった極限状況において、まさに関係者は命がけで研究開発を進めたのである。

時代が下り、戦後、私たちが結婚した後のこと、彼がテーブルにナイフを置くとき、柄の部分を縁から出しているのを見て、私が「こんな置き方をして危ないじゃないですか」とたしなめると、ふだん温厚な宮川に「道具というものは、いつでも、サアッ！と使えるように、こうやって置くものだ！」と、ものすごい形相で怒鳴りつけられた。戦時中の研究所の雰囲気を垣間見た思いで、私はしばし慄然としたのであった。

第二次世界大戦はまさに総力戦であった。日本中の工場という工場は大小、地域を問わず、何らかの兵器や戦争遂行のための物資の生産に携わっていた。現在の東京ドーム（後楽園庭園が隣接している）や大阪城公園が一大砲兵工廠であったことを知る人がどれだけいるだろう。

後年、ペンシルロケットと称するものの水平発射が行われた国分寺の工場もまた銃器工場で戦時中から水平発射実験が行われていた。

米軍の無差別絨毯爆撃

日本とアメリカの太平洋での激突はあるいは宿命であったのかもしれない。

明治維新後、アジアの小国のはずの日本が急速に興隆するのを見て、白人至上主義の欧米諸国の人々は「黄禍」としてこれを危険視した。

建国以来、西を目指して進んできたアメリカはハワイ、フィリピン、グアムを獲得しながら太平洋を侵攻した後、アジア大陸の東端に浮かぶ日本を仮想敵国と見なすようになる。アメリカでは、将来、起こりうる日本との戦争について米海軍が早くも1919年に「オレンジ計画」を立案している。これは1924年に陸海軍合同会議で採用された。いまだに真珠湾攻撃を「卑怯なジャップの奇襲」と非難し続けるアメリカは開戦の半世紀も前から日本を攻撃する具体的な計画を立案していたのである。その内容は、日本の先制攻撃、労消耗戦、アメリカの反攻というシナリオであり、現実の太平洋戦争もその通りに進んだ。

具体的な準備も早かった。第二次世界大戦開戦前の1934年、アメリカ陸軍は1トンの爆弾を搭載して8000キロ以上を飛ぶことのできる大型爆撃機の計画「プロジェクトA」をスタートさせる。この計画を実現すべく、ボーイング社が長距離戦略爆撃を想定して設計・製造したのが「超空の要塞」と称された大型爆撃機B—29であった。

カーチス・ルメイ少将は軍事施設だけを爆撃目標とせず、都市全域の無差別攻撃を立案した。さすがにアメリカ国内にも、国際法違反ではないか、という慎重論があったが、ルメイはこれを押し切った。

無差別爆撃は実行に移された。日本に打撃を与えるため用いたのが焼夷弾だった。アメリカは江戸の大火や関東大震災による大規模な火災をヒントに日本の都市を焼夷弾で攻撃する計画を立てたのである。B—29は数百機の編隊を組み、無差別絨毯爆撃を行い、東京大空襲では8万人、大阪空襲では1万人が焼死した。200以上の日本の都市が爆撃され、甚大な被害を出している。さらにアメリカはB—29を用いて広島市と長崎市に原子爆弾を投下して30万人の市民を殺戮した。

B—29を沈黙させたロケット砲

従来の爆撃機の飛行高度は、せいぜい5000〜6000メートルであり、それに対応する日本の高射砲もそれなりの射程距離があったが、1944年（昭和19年）より始まった米軍による日本本土爆撃では、B―29爆撃機は高度1万メートルをもって侵入して来た。日本各地に設置された対空砲はB―29の侵入を迎撃できる射程距離ではなく、それゆえに日本の都市という都市が爆撃にさらされた。

米機空襲に対抗すべく射程距離1万メートル以上の対空ロケット砲の開発が急がれた。黒川恒太郎陸軍大佐は、陸軍技術研究所火砲設計部の総力を挙げて、有効射高1万6000メートルの五式十五糎高射砲を設計する。完成した2門は東京の久我山高射砲陣地に配備された。旧大蔵省印刷局久我山運動場の跡地に当たる場所である。砲弾は薬莢を含め180センチ近い長さがあり、上空で炸裂すれば、200メートル四方の敵機を撃墜させるほどの威力があったという。

1945年（昭和20年）8月1日午後1時30分、上空を飛行するB―29の編隊に向けてこの高射砲が火を噴いた。このとき、1発で2機を撃墜した、という証言が残っている。

私は当時、女学校の1年生であったが、自宅の庭の防空壕の脇から恐怖で震えながらこの砲撃を目撃した。我が物顔に東京に侵入していたB―29の爆撃が、それを機にピタリと止んだのはまぎれもない事実である。

しかしこの開発はいかにも遅すぎた。日本の公刊戦史にも「その威力を十分に発揮するに至らずして終戦になった」とある。この数日後、広島に原子爆弾が投下された。この高射砲の配備がもう少し遅ければ、あるいは原子爆弾は、東京に降下されていたのかもしれない。

特別攻撃機「桜花」「梅花」

戦時中、プロペラ機の離陸を促進するための補助としてはいくつかの国が固体燃料ロケットを利用したが、純然たる推進力として採用した世界初の航空機こそが日本の特別攻撃機「桜花」11型であり、「梅花」であった。

敵の砲火の威力圏外から発進させるロケット推進の有翼弾という構想は以前からあったものの、いかに誘導して目標に当てるか、という難問があった。日本軍は、操縦士もろとも敵に体当たりするという形でこれに答えを出したのである。一式陸攻などの大型の攻撃機を母機として、これに吊るして移動し、目標を発見すれば離脱する。切り離された後、火薬ロケット3本を燃焼させながら速度を上げて、時速800キロに達し、敵艦に体当たりするというものである。

1945年（昭和20年）3月の九州沖航空戦で、第一神風桜花特別攻撃隊神雷部隊が沖縄を攻撃中のアメリカ機動部隊に向けて初出撃した。一式陸攻18機、桜花15機、護衛の零戦55機の編成である。しかし敵レーダーに捕捉され、敵戦闘機に迎撃されることとなり、一式陸攻と桜花は全機未帰還という結果に終わった。

日本で最初に飛行したジェット戦闘機である「橘花」も特攻攻撃機であった。ドイツからもたらされた資料をもとに海軍空技廠が企画した特殊攻撃機である。搭載したのは石川島播磨重工製のエンジンであった。アメリカ軍に工場を攻撃される中、どうにか完成にこぎつけた1号機は木更津基地に運ばれ、初飛行に成功したが、それは終戦の1週間前のことであった。

ドイツのロケット戦闘機

戦時中、日本は特攻機以外にも、ロケットエンジンを搭載した航空機を開発している。

第二次世界大戦末期、日本全体がアメリカのB—29の爆撃の猛威にさらされた。1万メートルの高高度で侵入してくるB—29を、八丈島に設置したレーダーで捕捉するのだが、迎撃戦闘機の発進準備が間に合わず、ようやく1万メートルに達したときには、敵編隊は任務を終え、悠然と帰還しているのである。

日本の海軍と陸軍は協力し、新たな局地戦闘機を急ぎ開発することになる。求められたのは最大速度900キロメートル、高度1万メートルに3分30秒で達するという従来の常識では考えられない高性能の航空機だった。そのためガソリンエンジンではなく、ロケットエンジンの採用が決する。

当時、日本とドイツ間で技術交換協定が締結されていたため、ベルリンの日本大使館付陸海軍武官は、1943年（昭和18年）の秋にはすでにドイツのロケット迎撃機の開発の進行状況を知らされていた。彼らは高速で高い上昇能力を持つロケット戦闘機を高く評価し、日独技術交換協定に基づき、ドイツ空軍のMe―163の機体と製造権を取得する交渉が始まる。阿部海軍武官はドイツ航空省のミルヒ技術局長にMe―163Bと推進機関の製造に必要な資料と2組ずつの完備図面を要求したが、ドイツ側は試作の段階であり、整備された図面はなかった。この年の5月、量産型のMe―163B―1aが引き渡されることになる。機体のほか、ロケットモーターの設計説明書、ロケット推進剤の化学組成の説明書、リピッシュ翼型断面座標であった。

問題はどのように日本まで運ぶかであった。当時、独ソ戦が始まっており、シベリア鉄道ルートは閉ざされ、英米機の攻撃で海上ルートも難しくなっていた。

そこで技術資料を確実に届けるため、同じ資料を2組用意し、それぞれ別の潜水艦で運搬することになった。

まず日本に贈与された潜水艦U―1224（日本名呂号第501潜水艦）に吉川春夫技術中

佐が搭乗、１９４４年（昭和19年）３月31日ドイツのキール軍港を出港するが、５月16日、大西洋上で「連合軍の爆雷攻撃を受けた」との連絡をした後、消息を絶ってしまう。

次に伊号第29潜水艦に巌谷英一技術中佐が搭乗し、１９４４年（昭和19年）４月16日にドイツ占領下の北フランス・ブルターニュ半島ロリアンの潜水艦基地を出港、海中を２万７００
０キロ航行し、７月14日についにシンガポールに到着する。伊号潜水艦はこの後、アメリカ海軍の潜水艦に撃沈されたが、巌谷中佐は資料の一部を持ち、シンガポールから零式輸送機に乗り継ぎ、羽田に向かっていた。彼が航空本部に現れたのは７月19日だった。前の月、Ｂ―29は初めて本土上空に飛来して、八幡製鉄所を爆撃している。

「秋水」「奮龍」の完成

ロケット推進の局地防衛迎撃機、一九試（昭和十九年度試作の意味）の製造が公式に決定する。

担当することになったのが三菱重工業だった。当初、海軍機には「Ｊ８Ｍ」、陸軍機には「キ２００」という名称がつけられたが、通称は「秋水」となり、12機の試作機の製作が名古屋の工場で進められた。

資料がそろわなかったため、完全なコピーはできなかったが、試行錯誤の末、三菱重工製のロケットエンジン「特呂二号」を搭載した試作機が完成する。設計上、高度1万メートルに3分30秒で到達するとされ、最高速度は900キロと推定された。試作要求が公示されてから、わずか11ヶ月後の1945年（昭和20年）6月のことである。

7月7日、横須賀市夏島の海軍追浜陸上飛行場で試作第1号機の試験飛行が行われ、パイロットが死亡するという悲劇的な結果となった。それでも改良が進められたが、第2回目の試験飛行を実現しないまま日本は終戦を迎えることになる。

ドイツからの技術移転が不完全な形だったにもかかわらず、短期間でどうにかロケット推進の試作機を作り上げられたのは、日本にそれだけのロケット技術の蓄積があったということであろう。

日本の陸軍科学研究所がロケット兵器の基礎研究を始めたのが1931年（昭和6年）頃のこととされ、翌年、第三十八式野砲の射程をロケット効果によって延ばすことに成功している。

戦時中、敵性語は極端に禁じられ、「ロケット」も「噴進砲」とか「噴出弾」などと呼称された。

陸軍は太平洋戦争の末期の硫黄島や沖縄での戦闘に四式二十糎噴進砲、さらに口径の大きな四式四十糎噴進砲というロケット砲を投入している。

推進砲を装備した戦闘機も存在した。陸軍が中島飛行機に高速・重武装の重戦闘機の開発を命じて完成したのが陸軍二式単座戦闘機「鍾馗」だが、その特別仕様機は対B―29用装備として四十ミリ推進砲ホ三〇一を2門装備していた。強力な破壊力を有し、数発命中させれば、B―29を撃墜できるほどだったという。

そればかりか、日本軍の研究は無人誘導のロケット弾という領域に達していた。液体燃料ロケットエンジンの特呂一号を用いた無人誘導弾のイ号一型乙空対地誘導弾、イ号一型甲空対地誘導弾がそれだ。

さらには自動追尾装置付きの液体燃料ロケット弾も実用寸前まで開発が進んでいた。アメリカ軍のB―29の撃墜を目的として、海軍技術研究所が開発したのが、無線操縦で自由自在に飛行できる特型噴出弾四型「奮龍」である。すでに液体燃料ロケットエンジンである特呂二号原動機の実用化にも目途がついており、これを組み合わせて、20～30キロメートルの射程距離を有する新型ロケット弾の実験が予定されたのが8月16日であった。しかし、この前日、日本は終戦を迎え、一切の資料は焼却処分された。

ちなみにこの誘導装置の開発に関わったのが、1929年（昭和4年）に、世界で初めてブラウン管による伝送・受信を成功させ、「テレビの父」と呼ばれた高柳健次郎である。

航空産業の消失

日本の航空機産業は戦時中の最盛期には１００万人を雇用し、年間2万５０００機を製造する一大産業であった。

規模だけでなく、技術面も世界有数のレベルであり、三菱の海軍零式艦上戦闘機、川西の海軍二式大型飛行艇、海軍局地戦闘機紫電改、川崎の三式戦闘機「飛燕」、二式複座戦闘機「屠竜」、中島の四式戦闘機「疾風」など数々の傑作機が誕生している。

プロペラで飛行するレシプロ機だけでなく、ロケット戦闘機「秋水」、ターボジェット戦闘機の「橘花」、イ号一型誘導弾甲・乙、赤外線ホーミング・ミサイル「ケ号」など当時の世界の最新技術を盛り込んだ装備品が開発されていた。

しかし、第二次世界大戦が終わると、ＧＨＱ（連合国軍最高司令官総司令部）は日本の軍備を解体し、残った軍用機、民間機を徹底的に破壊した。

飛行機の製造は禁じられ、工場の機械設備は壊され、資料は破棄させられた。飛行場と航空保安施設は連合軍に引き渡され、日本国籍の一切の飛行機の飛行は許されなくなった。

大学から「航空」と名のつく講座がなくなり、中央航空研究所や、宮川が所属していた東京帝国大学航空研究所も「東京大学理工学研究所」と改称された。

終戦後、日本のロケットや航空機の研究開発は1951年（昭和26年）のサンフランシスコ条約発効まで、しばしの休眠に入るのである。

飛行機と新幹線

戦争が終わると、日本の技術者たちは新しい国づくりに貢献したい、とまさに身を粉にして働き、多くの素晴らしい成果を上げていった。

その一つが高性能の高速鉄道として世界にその名を知られる新幹線である。戦時中、日本軍の研究部門や軍需企業にいて、戦後、職を失った多くの優秀な人材を引き受けたのが国有鉄道だった。

国鉄の外郭団体である国鉄鉄道技術研究所に職を得た技術者の一人に三木忠直がいた。戦時中、特高専用に設計されたロケット兵器「桜花」の設計に関わった技術者だ。補助車輪もなく、帰還の燃料も積まない、このような特攻兵器の開発に関わったことを悔いた三木は、自動車や船舶とは違い、平和利用しかできない鉄道の世界に入ることを決意したという。

1955年（昭和30年）に国鉄総裁に就任した十河信二は、国鉄出身の技術者島秀雄を国鉄技師長に就任させる。同年5月30日には鉄道技術研究所の篠原武司所長らが、鉄道技術研究所創立50周年記念講演で、「広軌新線なら東京〜大阪間を3時間で運転することが技術的に可能である」と講演する。

そして、十河総裁は広軌新線に強い関心を示し、プロジェクトにゴーサインを出す。

航空機開発の技術が注がれ、空気抵抗の少ない流線型の車体が作られた。開発では超高速走行時の振動が問題になったが、これについては戦闘機ゼロ戦の制御技術を確立した技術者が画期的な油圧式バネを考案して車輪の台車を完成させた。また地震があったときなどに、自動で新幹線が停止する安全装置が必要とされたが、これは戦時中、軍で信号技術を研究していた技術者が取り組んで「自動列車制御装置（ＡＴＣ）」が出来た。

こうして１９６３年（昭和38年）、試験走行の日を迎える。富士山を背に、新幹線は猛然と速度を上げていき、列車の速度の世界記録をあっさり超え、２５６キロの世界記録を樹立したのである。

日本人の驚くべき独創性

日本から航空機に関するすべてが失われると、飛行機を造っていた人々は別の方面に散り散りになった。そして新幹線のほか、自動車、オートバイ、農機具、繊維機械、ラジオ、ソーシングミシン、編み機などの製造に関わることになる。やがて、これらメイドインジャパンの工業製品群がアメリカ市場を席巻していくことに歴史の皮肉を感じる。

この奇跡の物語を作り上げたのが、あまた名の無き人々の真摯な情熱である。


日本には、ものづくりに関して大変な成果を上げながら、ほとんど知られていない人物が数多くいる。

たとえば、世界初の自走する固体燃料のロケット船を作った兵農学者の佐藤信淵だ。信淵は、火薬ロケットをエンジンとした小さな船「自走火船」の編隊で敵の船を包囲して攻撃することを考案した。思いついただけでなく、1809年（文化6年）にロケット船の実験を行っている。

日本で初めて飛行機が飛んだのは1910年（明治43年）だ。徳川・日野大尉による飛行だが、ライト兄弟が一般公開の飛行を行った1908年のわずか2年後に国産機を飛行させている。

それどころか、人類初の飛行機も日本人が作った、と言ったら驚かれるのではないだろうか。ライト兄弟が初飛行したのは1903年だが、二宮忠八という人物が4枚のプロペラを推進力とする「烏型飛行器」での飛行に成功したのは1891年（明治24年）4月29日であり、ライト兄弟より12年も早い快挙である。しかし、このこともあまり知られていない。

戦前戦中の日本のロケット開発もまたあまりにも知られていないことの一つだ。

第二次世界大戦中、日本が開発に着手したロケット兵器は50種類以上、構想段階のものを含めれば実に１００種を超える。

大戦中、日本のロケット研究はドイツに次ぐ技術水準に達していたし、ドイツが降伏した後、短い期間ながら、間違いなく世界最高水準のロケット技術を有する国だったのである。

しかし敗戦をもってこれらの事実は闇の中に封じ込められた。ロケット技術は最高軍事機密とされ、終戦とともに資料は焼却された。ロケットを特攻に用いたことから、戦後、関係者の口が重くなったということもあるだろう。

その結果、戦中の技術者が到達したレベルを何段階も時代を巻き戻したようなペンシルロケットを日本のロケットの嚆矢とするような、まことに滑稽極まりない歴史がつづられることになるのである。

第三章　我が国の宇宙開発の黎明期

私とロケットとの関係

私の夫、宮川行雄は生涯を日本のロケット開発に捧げたが、多くを語らないままこの世を去った。彼に代わり、今こうして本書をしたためている私のことを簡単に紹介させていただきたい。

1932年（昭和7年）、九州の地で母の胎内で生命を授けられた私は、母の胎内に宿りながら、2歳上の姉と共に、東京で待つ父のもとへ向かった。陸路は蒸気機関車、関門海峡は連絡船という時代である。父は海軍で機関長をしていたが、機関室に浸水させた事故の責任を取って軍を辞し、東京という新天地に出て家族を受け入れる準備をしていた。

1933年（昭和8年）2月、私は、厳寒の東京でこの世に生を受けた。

海軍軍人から実業家に転じ、「税金をいかに多く納めるか」をポリシーとする朴訥な父と、士族出ながら、父親の急死で環境が一変し、気位は高いが娘時代苦労を重ねた母、そして父の前赴任地佐世保で生まれた姉という構成の家族に包まれて私の人生はスタートした。

父の口癖は、「この小松家（私の旧姓）の先祖は藤原鎌足」であった。世にいる多くの藤原鎌足の子孫の一系なのだろう。父から四代前の堺の豪商・油屋吉兵衛が九州の小松家となった経緯については、幕末の薩摩藩の家老職、小松帯刀やその先代の小松清穆らのほとんどの生活の舞台が堺であったことに深い関係があるのではないか……とノンフィクション作家としては調査研究のテーマとしてははなはだ興味深い。

私は女子大を卒業した１９５５年（昭和30年）、東京大学理工学研究所に勤める宮川行雄と結婚した。曽田範宗東京大学教授ご夫妻、東京大学事務局長二宮永蔵ご夫妻のご媒酌で明治記念館において挙式をした。すべては親たちの決めたことであった。宮川家が成城学園前に昭和の初めから所持して、家庭菜園を営んでいた旧邸から少し離れた１３０坪の土地に30坪足らずの家を建てて、夫と母と手伝い、私の４人での新生活をスタートさせた。

その頃、宮川や彼の周りの人々から聞かされたのは「東京調布の地に新しく建設中の国立の航空技術研究所が完成した暁には、国家プロジェクトの重要な役目を負って勤め先を移る」ということであった。つまり、宮川は文部教官から総理府技官の身分にかわるということである。

私たちが結婚した１９５５年（昭和30年）、重大な国の期待を背負って、宮川の新しい職場でのプロジェクトが始まった。

国家プロジェクトとしてスタート

１９５１年（昭和26年）のサンフランシスコ講和条約によって、日本に飛行機の研究が再び許されることになったものの、７年間の空白期間はあまりにも大きく、欧米先進国はすでにジェット機の時代に入っており、日本の技術の遅れはほとんど決定的なものに見えた。しかし日本は諦めなかった。

１９４８年（昭和23年）には、「日本学術会議と緊密に協力し、科学技術を行政に反映させるための諸方策および行政機関相互の間の科学技術に関する連絡調整に必要な措置を審議する」ことを目的として科学技術行政協議会を定める法律第２５３号を制定する。続いて１９５３年（昭和28年）、総理府の科学技術審議会において、我が国の航空技術の再開が建議され、国立の航空技術研究所を設立し、その任に当たらせることを決めるのである。

航空技術研究所の母体となったのが、戦時中から私の夫が勤務し、戦後、東京大学理工学研究所と改称された旧東京帝国大学航空研究所であった。

この研究所は戦時中より液体燃料ロケットの研究開発に携わってきた経緯から、戦後、世界で繰り広げられている宇宙開発競争、ことに米ソの競争に、つねに強い関心を寄せていた。

ドイツの資料の解明

1956年（昭和31年）、東京調布の地に国立航空技術研究所（後のNAL）が、昭和天皇御臨席のもと開所式が行われた。

ふだんは冷静な宮川がこの日は、いつになく興奮していたことがまるで昨日のことにように思い出される。

研究の第一歩は、戦時中にドイツで開発されたV―2の技術の究明であった。戦時中より東京帝国大学航空研究所で先端航空技術の研究開発に携わってきた宮川に、その任の白羽の矢が立てられていた。

手始めに宮川が着手したのは、勿論、ナチス・ドイツの液体燃料ロケットエンジンなどに関する資料を読み解くことであった。これらの資料を紐解くことは、学究肌の宮川にとってはまことに心躍る作業であった。この時期こそ宮川の人生の中で、最も楽しく充実した日々であったことは間違いない。

まずは、これらの資料のコピーから始まった。勿論、当時はコピー機など普及していない。宮川はこれらドイツの資料を1ページ、1ページ、愛用のライカ社製カメラで撮影していったのである。休日にも家に持ち帰り作業をした。開いたページを透明なガラス板で押さえる手伝いを私は彼の2階の書斎で行うことなどが新婚生活の仕事の一つとなった。現像・焼き付けも彼自身で行った。こうしてコピーしたドイツ語の資料を読み込んでいくのである。彼はすべての科目について精通していたが、英語やドイツ語は辞書なしで読解する実力を持っていたため、資料の解読にはさしたる苦労は無かった。

「伝説の人物」の登場

ここで一人の人物が登場する。後に「日本のロケットの父」と呼ばれることになる糸川英夫だ。

糸川は1935年（昭和10年）に東京帝国大学工学部航空学科を卒業して、中島飛行機に入社し、陸軍の九七式戦闘機や一式戦闘機「隼」などの設計に関わったとされる。その後、東京帝国大学の第二工学部の助教授に就任している。

第二工学部とは、戦時体制下の工学者や技術者の不足を見越して、本郷にあった東京帝国大学工学部とは別に、千葉県千葉市に設けられたもので、教官の半数は企業出身者だった。

戦争が終わると、第二工学部は学生の募集を停止し、1951年（昭和26年）に廃止され、東京大学の附置研究所である生産技術研究所となった。

ここにいた糸川が1953年（昭和28年）、「ロケットをやろう」と言い出し、彼の周囲に集まった好奇心に満ちた技術者たちが日本の宇宙開発の幕を開けた——という日本ロケット草創期のストーリーが語られている。

実態はどうだったのか。糸川はアメリカに半年ほど滞在し、ロケット開発に触発されたとのことで、帰国後、経団連の主催の講演会で、三菱造船や東芝、日立、保安庁などからの出席者を前にアメリカのロケット開発の状況などについて熱弁を振るい、さらに企業を回って、ロケット開発の協力会社を探すが、なかなか協力を申し出るところがなく、結局、戦前に務めていた富士精密（後の日産自動車）だけが協力することになった、という。

糸川はこのほか、１９５４年（昭和29年）2月に、東京大学生産技術研究所にＡＶＳＡ（航空及び超音速空気力学）研究班を組織して、「１９７５年（昭和50年）までに20分で太平洋横断する旅客機の実現を目標にする」というスタンドプレーを行なっている。

液体燃料ロケットと固体燃料ロケット

ここから先の話を進めるうえで、液体燃料ロケットと固体燃料ロケットの違いに言及しておかなければならない。

ロケットの推進剤には固体のものと液体のものがある。

中国で火薬が発見されて以来のロケットはすべて固体燃料ロケットで武器として発展してきた。

液体燃料のロケットは、宇宙旅行を実現したい、と願った人類が20世紀になってから構想したものだ。１９２６年（昭和元年）3月16日に「近代ロケットの父」と呼ばれたアメリカのロバート・ゴダードが人類初の液体燃料ロケットの実験に成功した後、すでに述べたようにドイツのフォン・ブラウン等が初のポンプ方式を採用した液体燃料ロケットのV―2ロケットを開発している。

液体燃料ロケットエンジンは、液体水素などの燃料と液体酸素などの酸化剤を別々のタンクから燃焼室に送って燃焼させ、発生した高温のガスを噴射して推力を得るという構造が一般的だ。

推進剤は初期にはヒドラジンと四酸化二窒素、あるいはケロシンと液体酸素などを組み合わせて使用していたが、最近では液体水素と液体酸素の組み合わせが主流になっている。

液体燃料ロケットエンジンは推力の調節ができるため、制御が容易であり、一度着火しても、タンクのバルブを操作することでいったん燃焼を止められるし、再点火することもできる。ただし液体燃料のコントロールは容易ではない。

ソ連の世界初の人工衛星スプートニクを打ち上げたロケットにせよ、人類を月に送り届けたアポロ計画のサターンVにせよ、日本の大型ロケットのH―IIにせよ、全て、宇宙開発では液体燃料のロケットである。

一方、固体燃料ロケットは固体の推進剤を用いるものである。最近ではポリブタジエン系の液体合成ゴムなどの燃料と過塩素酸アンモニウムなどの酸化剤を混ぜて固めたものを使うのが一般的となった。固体燃料ロケットは構造が単純で、部品の点数が少なくて済む一方、推力を制御するのが難しいという短所がある。燃料に一度火をつけると、消したり再点火したりできないため、軌道に投入できてもロケットを制御するのが難しいのだ。それでも固体燃料は常温で安定するため、管理が楽だから、つねに発射可能な状態で管理しておく必要がある軍事用ミサイルなどの兵器に用いられる。また大きな推力を要する宇宙ロケットの補助ブースターとしても固体燃料ロケットモーターは使用される。

液体燃料ロケットエンジンは固体燃料ロケットエンジンに比べて構造がはるかに複雑になり、製造は難しくなる。この両者の質とレベルは大人と子供ぐらい異なる。このことを見過ごしてしまうと、日本のロケット開発の真実は見えてこない。

2012年（平成24年）7月21日、東京杉並区立科学館において行われた「杉並とペンシルロケット」の講演会で、「どうしてあの時代、液体燃料ロケットの開発をしなかったんですか？」という会場からの質問に対し、ペンシルロケットの製造に関与した講師・垣見恒男は「液体燃料ロケットの開発は、とにかく難しくて我々の手には負えなかった」と答えている。

ペンシルロケットの実態

糸川等はペンシルロケットを作るに当たり、個体燃料をどうするか、ということになった。火薬のことなら、「火薬の申し子」と言われた旧海軍技術将校で、戦後、日本油脂に行った村田勉がいる。戦艦大和の四十三糎砲の火薬の設計も村田が中心だった。

申し出に快く応じた村田から提供されたのは、長さがわずか123ミリ、直径9・5ミリ、内径2ミリ、中空の円筒状の無煙火薬、数十本だった。このマカロニのような小さな火薬で飛ばしたペンシルロケットは、長さ23センチ、直径1・8センチ、重さ200グラムという、まさに鉛筆のような小ささだった。

1955年（昭和30年）4月12日、東京の国分寺で、水平に発射された「大戦後初の日本製ロケット」とされているペンシルロケットはバズーカ砲である。

その後、道川で発射されたベビーロケットは直径8センチ、全長1メートルで、30センチの補助ロケットをつけて2段式にしたものだ。推進薬にはニトログリセリンとニトロセルロースを混ぜて、硬化剤や安定剤を添加したものが用いられた。ギリシャ文字のアルファベットを名称とすることになり、この後、より大きなカッパ・ロケットの打ち上げが行われる。ロケットの発射場へは馬車で運び、アンテナは手動という、のどかさだった。その後鹿児島の内之浦に発射場は移されたが、打ち上げはことごとく失敗することになる。

　彼等がペンシルロケットを打ち上げた時代は高度経済成長への入り口である。１９５０年（昭和25年）には朝鮮動乱が勃発し、特需景気が到来する。続いて神武景気、岩戸景気、いざなぎ景気へと続いていく右肩上がりの時代だ。高度経済成長期は地方から続々と金の卵たちが都会へと押し寄せて来たが、それでもどこも猫の手も借りたいほど忙しい時代に、工場の片隅に残された兵器の残骸に手を加えて得意になっている、時代の流れから外れたような者たちに、一部の無知で幼稚なマスコミ関係者を除いて、世間の目が冷やかであったのも当然であった。

米ソの熾烈な競争

　この頃、世界のロケット先進国の技術水準はまったく比較にならないほど先に進んでいた。１９５４年（昭和29年）、グローバルな目で地球を見ていこう、という国際的なプロジェクト、国際地球観測年（ＩＧＹ）の話が国際社会で持ち上がる。これは１８８２年と１９３２年に行われた国際極年を引き継ぐものであった。

　当初、太陽の磁気が地球に及ぼす影響を調べることが目的とされたが、オーロラや氷河、重力、海洋、地震などに調査対象が広がり、60ヶ国以上が参加する大規模な取り組みとなっていく。これが契機となり、南極大陸で12ヶ国協同の観測事業が行われ、日本もその一員としてノルウェーから譲り受けた場所に昭和基地を設置、南極の観測事業を開始した。この観測は現在も続けられている。

この地球観測年の期間中の1957年（昭和32年）10月、世界に衝撃が走った。

ソ連が国際地球観測年とコンスタンチン・ツィオルコフスキー生誕100年に合わせて、人類初の人工衛星「スプートニク1号」を打ち上げ、電離層の観測などを行ったのだ。衛星はアルミニウム合金の外被を持ち、直径58センチの球体で、重さは83・6キログラムだった。背景には軍事的な意味合いがあった。アメリカ軍の長距離爆撃機の能力に劣るソ連は大陸間弾道弾（ICBM）の開発にことのほか熱心であり、このための系列のロケットを利用して世界初の人工衛星の打ち上げに成功したのである。

超大国を自負するアメリカの国民は自国の宇宙開発技術がいかに遅れているか、痛烈に思い知らさることになった。これを「スプートニク・ショック」という。

追い打ちをかけるように、ソ連は11月には、ライカ犬を乗せた「スプートニク2号」の打ち上げに成功する。

アメリカでは空軍などが「1990年に人間を宇宙に送り出す」という目標を設定していたが、ソ連の想定外の急ピッチな開発に衝撃を受け、NACA（航空諮問委員会）の研究者たちがカプセル型の有人宇宙船の設計を始めた。また1958年7月29日、アイゼンハワー大統領は国家航空宇宙決議に署名し、NACAを発展させた大統領直属の行政機関であるアメリカ航空宇宙局（NASA）を正式に発足させた。

しかし、アメリカも人工衛星を打ち上げようと準備を進めたものの、ソ連に先を越され、焦ったのか、失敗を繰り返してしまう。窮した関係者が白羽の矢を立てたのが戦後、米陸軍のためにミサイル開発に関わっていたフォン・ブラウンだった。ブラウンは「90日以内に成功させる」と約束し、その約束通り、「パイオニア」の打ち上げを成功させた。

ところがソ連はさらにその上を行き、翌1958年（昭和33年）5月には、1トンもの重量のある「スプートニク3号」を打ち上げるのである。ソ連が有人飛行を目指しているのは明らかだった。

アメリカも対抗心をむき出しにして、この年、猿を乗せた「ジュピター・ミサイル」を打ち上げ、1959年には大陸間弾道弾アトラスを実戦配備した。

ところが、ソ連は1961年4月、ユーリイ・ガガーリン少佐が「ボストーク1号」に乗り、108分で地球を1周する軌道飛行を成功させてしまう。「地球は青かった」という言葉で知られる快挙であった。続いて女性宇宙飛行士のワレンチナ・テレシコフでも成功し、彼女の「私はカモメ」という言葉は世界的に話題となった。

ライバルであるソ連の相次ぐ快挙に、アメリカの若き指導者、J・F・ケネディ大統領は断固たる決意を表明する。宇宙を「新しい海岸」として、「これを制する者がこれからの世界を制する」として、月面にアメリカ人を送り込むことを宣言したのだ。

米ソのロケット開発競争は軍事的な色彩が強かったが、やがてこの対立関係が「キューバ危機」という深刻な事態をもたらす。1962年10月14日から28日までの14日間にわたり、米ソの緊張が高まり、核戦争寸前の危機を迎えるのである。1959年、北米大陸に近いキューバで革命が起こり、親米のバティスタ政権を倒したフィデル・カストロが首相となった。カストロがソ連に接近すると、アメリカは政権打倒を目指し、キューバ侵攻を企てる。これに対してソ連はキューバ国内に核ミサイルを配備する「アナディル作戦」を開始する。緊張が高まる中、キューバ上空を偵察飛行していたアメリカ空軍のロッキードU―2偵察機が、ソ連軍の地対空ミサイルで撃墜されると、全面核戦争となる第三次世界大戦の勃発が一気に現実味を帯びた。

一触即発の状態になったものの、ぎりぎりのところで危機は回避される。ソ連のニキータ・

フルシチョフ首相がキューバのミサイル基地建設の中止を表明すると、アメリカのケネディ大統領もキューバへの武力侵攻はしないことを約束し、さらにトルコのＮＡＴＯ軍の「ジュピター・ミサイル」を撤去させたのである。

このようにロケット開発には軍事目的があり、かつ東西冷戦時代における両陣営の代表同士の国威をかけた競争でもあった。また米ソ両国は猛烈な勢いで軍拡を進め、核兵器の開発も加速させており、その動向を把握できる人工衛星を用いた偵察活動も、重要性を増していた。

米ソだけでなく、フランスは同じく元ナチス・ドイツの科学者を中心として１９６５年（昭和40年）に初の人工衛星の打ち上げを行なっている。

マサチューセッツ工科大学への出向を打診される

キューバ危機が起ころうとする１９６１年（昭和36年）、ひと段落の仕事を終えた宮川に、アメリカの技術系大学では最高峰であるマサチューセッツ工科大学への出向が打診されたことがあった。

出向手当ては月５００ドル。１ドルが３６０円の時代である。当時の給料の10倍だ。私はちょっとしたハイレベルな生活を思い描いた。

私たちが住んでいた成城には、多くの外国人も住んでいて、「医療施設は完備しているから、出産には何ら心配することは無い」など色々とアドバイスしてくれた。私は、第二子を懐妊中であったので、「この子は、アメリカ国籍を持つ二世になるな」など、いまだに経験のないアメリカでの生活を夢見て、不安と期待に胸を膨らませていた。

しかし、その後いくらたっても具体的な話がない。実は書生や、小間使い、兄弟等を動員しての宮川の母の猛烈な反対があったのだった。

今思い起こしても、実に残念だ。本人にとっても、また国にとってもまことにもったいない結果となった、とつくづく思うのである。宮川は実に母思いの息子であった……。

マサチューセッツ工科大学への出向をあきらめた宮川はこの間、かねてより懸案中であった博士論文に熱心に取り組んだ。

第四章　我が国初の近代ロケットＮＩＰＰＯＮの誕生

国を挙げてのプロジェクト

私の夫が属していた航空技術研究所は、１９５５年（昭和30年）の設立以来、宇宙圏をめざす液体燃料ロケットの開発を目指していたが、当初、日本には衛星に対する具体的な計画が存在しなかった。

一方、戦後、世界のロケット先進国となったソ連やアメリカは、次々に高性能のロケットやミサイルを開発し、ミサイルの弾頭の代わりに気象衛星、偵察衛星、高層大気観測などのための人工衛星や、宇宙船をつけたロケットを盛んに飛ばしており、高層宇宙圏三万六千キロメートルの射程はごく当たり前のものになっていた。

立ち遅れていた我が国が衛星の必要性に目を向ける一つのきっかけとなったのは、悲劇的な自然災害だった。死者約５０００人という凄まじい被害をもたらした、１９５９年(昭和34年)の伊勢湾台風である。

人工衛星を打ち上げて、これで台風を観測することにより被害を未然に防ごう、と機運は高まり、国を挙げてのプロジェクトとして宇宙開発が進められることになる。

１９６０年（昭和35年）、科学技術庁に宇宙科学技術準備室が設置され、総理府には内閣総理大臣の諮問機関である宇宙開発審議会が置かれた。

内閣総理大臣の諮問に対して、宇宙開発審議会は、１９６２年（昭和37年）５月に答申を出した。

審議会は、科学技術庁内に宇宙開発に関する中核的実施機関を設置すべきことを答申した。また、それまでの東大生研グループを改組して、大学の共同利用研究所を設置することになった。つまり日本の宇宙開発が二つの機関で進められることになったのである。


ペンシルロケットの糸川等の東京大学の生研は、１９６４年（昭和39年）に理学部のグループと協力して、目黒区駒場に東大の附置研究所として宇宙科学研究所を設立した。文部省の研究開発機関として発足した推進本部は20数人の寄せ集めで、ロケットについてはまったくの素人も混ざっていた。彼等が台風観測に代わる新たな目標としたのが人工衛星の打ち上げだった。ロケット先進国の助けを借りず、国産のロケットを造ろうと、ラムダ４S型という４段式の固体燃料ロケットエンジンを使用したのだが、打ち上げは失敗の連続となった。

我が国初の近代ロケットＬＳ―Ａの飛翔

日本における宇宙開発の中核的実施機関と位置づけられたのが、私の亡くなった夫、宮川行雄が所属していた総理府の航空技術研究所（National Aeronautical Laboratory:ＮＡＬ）である。１９６３年（昭和38年）４月１日に科学技術庁の付属機関となり、航空宇宙技術研究所（National Aerospace Laboratory：ＮＡＬ）と改称して、郵政省電波研究所を取り込み、実用衛星開発部門を設けた。略称は同じ「ＮＡＬ」ながら、宇宙開発を目指すことを具体的に示す名称への変更であった。

ＮＡＬではまず高度１００キロメートルに到達する観測用の人工衛星の開発が進められた。組織改編後、早くも１９６３年（昭和38年）８月には、東京都新島の防衛庁のミサイル実験場で、それまで開発を進めていたロケットの打ち上げ実験を実施している。

このとき打ち上げたのがＬＳ―Ａというロケットである。「ＬＳ」とは第１段目には固体（Solid）燃料ロケットモーターを搭載し、２段目に液体（Liquid）燃料ロケットエンジンを使用する2段式であることを意味する。

ＬＳ―Ａロケットはサステーナ部のみの試作機を皮切りに、１９６４年（昭和39年）から１９６５年（昭和40年）にかけて新島発射場で計３回打ち上げられ、いずれも成功を収め、その高度は110キロメートルに達した。

全長7・55メートルのLS—Aロケットこそ、我が国初の近代ロケット飛翔の具現であり、「近代ロケットニッポン」の誕生であった。

私の実家の父は、娘婿である宮川のロケット開発を記念して、自分の会社の製品に「ロケットタワー」と称する遊具を製作し、世に送り込んだ。

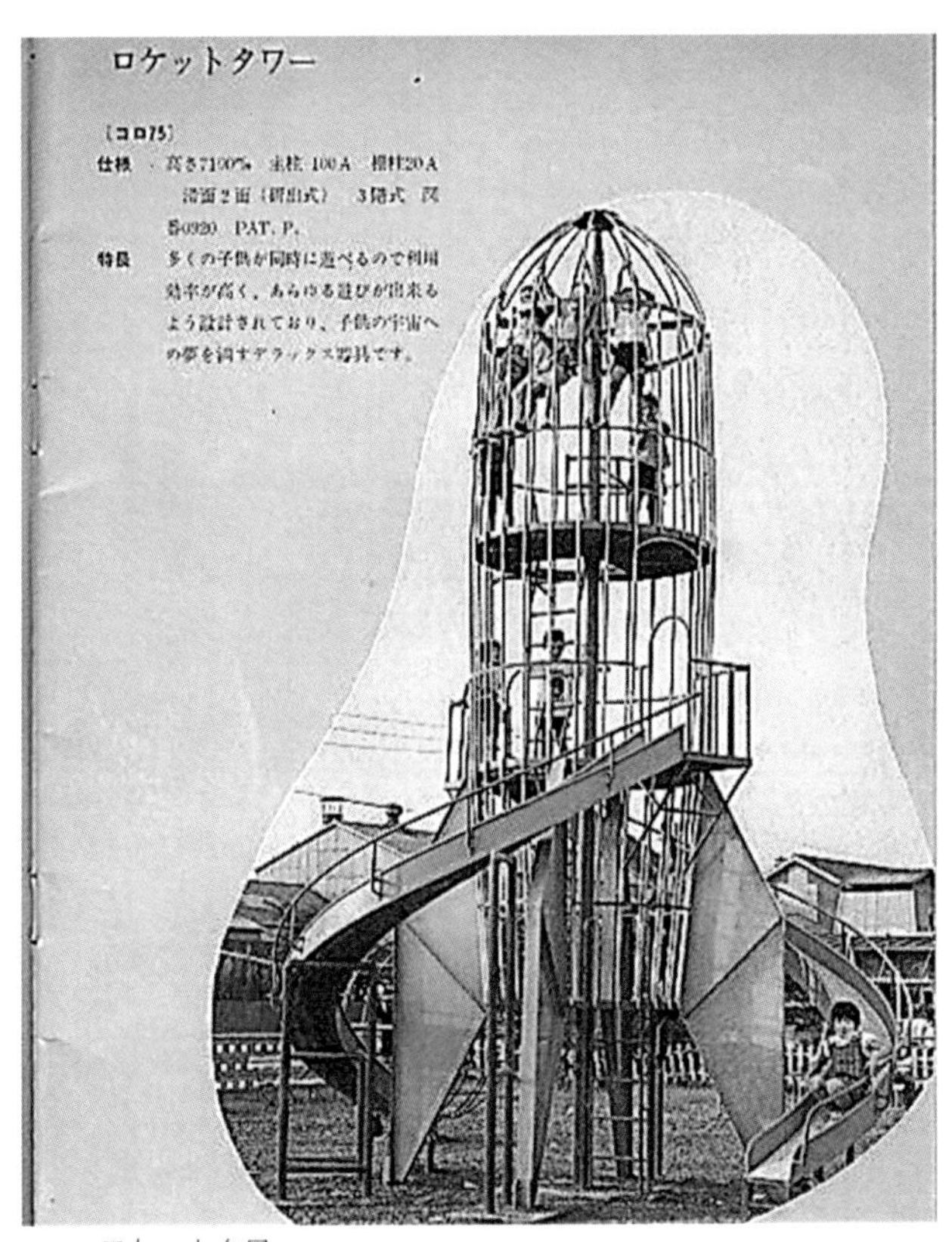

ロケットタワー。
1967年（昭和42年）製のカタログより。

ＬＳ―Ａロケットの実績

1号機
１９６４年７月22日　**成功**　液体ロケットエンジンの性能確認

2号機
１９６４年７月22日　**成功**　液体ロケットエンジンの性能確認

3号機
１９６５年11月22日　**成功**　液体ロケットエンジンの性能確認

実用衛星を打ち上げる計画

ＬＳ―Ａロケットより大型のロケット開発を目的に、１９６２年（昭和37年）から開発されたのがＬＳ―Ｂロケットである。第２段の液体燃料ロケットエンジンのみを試作し、１９６４年（昭和39年）にエンジン組み合わせ燃焼試験を実施している。液体燃料を用いた近代的なロケットであるＬＳ―Ａ、ＬＳ―Ｂの性能に確信を得て、航技研（ＮＡＬ）は、いよいよ実用衛星の搭載を計画する。

科学技術庁は１９６５年（昭和40年）に、液体燃料ロケットで１００キログラム（Quintal）の気象衛星を打ち上げる計画を打ち出した。「Ｑ計画」である。

また１９６６年（昭和41年）の宇宙開発審議会の建議では、「高性能のロケットを用いてより大型の実用衛星を打ち上げる」、という目標が示された。これが「Ｎ計画」である。

１９６９年（昭和44年）10月、宇宙開発委員会がＱ計画、及びＮ計画を含む「宇宙開発計画」を発表したが、これは翌年、見直され、「新Ｎ計画」が策定されることになる。

当初は１００キログラムの人工衛星を想定していたのだが、世界では静止衛星の需要が高まると共に宇宙開発の技術も急速に発展しており、日本としてもさらなる大型の人工衛星の打ち上げを目指すことになったのである。

新Ｎ計画の一環として、ＬＳ―Ｃロケットの開発が１９６６年(昭和41年)にスタートした。

これは実用衛星打ち上げを目指す多段式ロケット開発の一環であり、４段式ロケットのうち、３段目の液体燃料ロケットエンジン開発を目的とするものであった。

ＬＳ―Ｃロケットの機体は、液体燃料ロケットエンジンの作動を空中で行うため、１段目が固体燃料ロケットエンジンのブースターとなっており、２段目に液体燃料ロケットエンジンを搭載する２段式である。ＬＳ―Ａロケットを改良した人工衛星打上げ用Ｑロケットの３段目を２段目に搭載して、推力飛翔中にガスジェットによるロール制御を行なうことになったが、この技術情報を得るために開発されたものだ。第３段用の液体燃料ロケットエンジン技術及び、ジンバルを用いた推力偏向による誘導制御技術の獲得も目的とされた。実用衛星を打ち上げるには大きな推力を持つロケットエンジンはもちろん、ロケットの姿勢制御や軌道速度などの誘導制御の技術の確立が不可欠なのである。

完成したロケットは１９６８年（昭和43年）から１９７４年（昭和49年）にかけて、種子島宇宙センターから８機が飛翔し、うち６機が成功した。

第２段の構成は号番によって異なる。ＬＳ―ＣのＤ号機は２段目がダミーで、第１段固体ロケットの性能及び１、２段分離機能を確認する目的で飛翔実験が行われ、同時に新設された地上装置との整合などの確認もなされた。１号機ではＬＥ―１エンジン、２号機から６号機ではＬＥ―２エンジン、７号機ではＬＥ―３エンジンが用いられている。

Q'ロケット・LS—Cの実績

LS—C
１９６８年９月19日　成功　第1段固体ロケットの性能確認、1、２段分離機能の確認。

1号機
１９６９年２月６日　**失敗**　ＬＥ—1の性能確認。第1段燃焼末期に爆発し1、２段が分離。成功　第２段は点火後正常に飛行した。

2号機
１９６９年９月10日　**失敗**　ＬＥ—２の性能及び飛翔性能の確認。発射時にタイマースタート用スイッチが動作せず、1、２段分離。

3号機
１９７０年２月３日　**成功**　ＬＥ—２の性能及びジンバル機構の動作確認。６５ｋｍ。

4号機
1970年9月9日

成功
ジンバル制御装置の作動試験、ジャイロ機器及びガスジェット制御装置の回転制御特性確認。45km。

5号機
1971年9月10日

成功
ジンバル制御試験、ジャイロ機器及びガスジェット制御装置の回転制御特性確認。53km。

6号機
1972年9月25日

成功
ジンバル制御装置及びガスジェット制御装置による制御試験。40km。

7号機
1974年2月9日

失敗
LE—3エンジンの飛翔性能試験。第2段着火時、推進薬供給配管に圧力異常が発生し、多量の酸化剤が漏洩。

Q'ロケット・LS―D（ETV）の実績

1号機
１９７４年９月２日　**成功**　静止衛星を打ち上げる性能確認。

2号機
１９７５年２月７日　**成功**　３６０００ｋｍの軌道に静止衛星を打ち上げる性能確認。

種子島の発射場建設

大型の液体燃料ロケットを開発するには、ロケット本体だけでなく、要塞のごとき巨大な発射場を建設しなければならない。

１９６０年（昭和35年）、総理府は、宇宙開発審議会において設置し、大型ロケットの発射に向け、新たな発射場を検討することになった。

航空技術研究所（ＮＡＬ）は当初、発射場として新島を予定していたが、一時的にしろ民間旅客機の離着陸をストップせざるを得ないことや、防衛庁の施設を使用することに軍事的イメージがあった。左翼系の反対や大島・八丈島などの定期航路を一時停止しなければならないこともあり、世論の反発もあった。安保闘争の時代でもあった。新島では、防衛庁のミサイル道路に反対する住民の基地反対闘争が起こり、国が敗訴してしまう。

秋田県の道川の発射場も航空技術研究所（ＮＡＬ）の固体燃料ロケットＮＡＬの打ち上げをもって閉鎖されることになる。漁業に及ぼす影響もあったが、何より対岸の諸国、ソ連や韓国、北朝鮮、中国などへ地理的、政治的な影響を考慮したためであった。

ロケット発射場として適している地理的条件として、できるだけ南であるということがある。地球の自転の力がより大きくかかることが、打ち上げに有利に働くためだ。このほか、広い平坦な土地があること、交通の便のよいこと、近くに船の航路が少ないこと、漁船の出動率が少ないこと、航空路線との調整が可能であること、晴天の確率が高いことなどの諸条件が考慮された。

この条件を満たす場所として北海道の襟裳地区、下北半島、八丈島、鹿島灘、大隅半島、種子島が候補にあがり、最終的に種子島と閣議決定された。

１９６７年（昭和42年）、種子島の宇宙センター建設をめぐり、断固反対の宮崎県漁協との衝突が起こり、海上デモを行うなどの抗議活動もあったが、この困難を乗り越え、１９６９年（昭和44年）、種子島が新たな発射場としてスタートする。

「世界一美しい」と言われる種子島の発射場

航空宇宙技術研究所（ＮＡＬ）のロケットの打ち上げは１９６６年（昭和41年）に種子島へとシフトされた。

種子島の発射場は次第に整備され、今や日本の宇宙開発の拠点となり、「世界で最も美しいロケット発射場」と称賛され、貴重な観光資源になっている。

航空宇宙技術研究所（ＮＡＬ）による固体燃料ロケットＮＡＬ

航空技術研究所から航空宇宙技術研究所（ＮＡＬ）として改称された研究所は、液体燃料ロケットのみならず、固体燃料ロケットも開発している。科学技術庁は、１９６３年（昭和38年）にロケット部を新設すると、１段式の固体燃料ロケットＮＡＬ—７機を試作し、秋田県の道川海岸の秋田ロケット実験場から、１９６５年（昭和40年）５月に、ＮＡＬ—７機を打ち上げている。

また１９６８年（昭和43年）９月から、固体燃料ロケットの総合的な性能の向上を目指し、ＮＡＬ—16Ｈ型４機を種子島宇宙センターから打ち上げた。打ち上げはすべて成功し、ＮＡＬ—16Ｈ型２号機の到達高度は92キロメートルと、１段式の固体燃料ロケットとしては当時の世界のトップレベルであった。

さらにガスジェット制御の技術確立に向けて、航空宇宙技術研究所（ＮＡＬ）が１９６６年度（昭和41年度）に計画、開発したのが、２段式の固体ロケットＮＡＬ―25型と31型である。

これを引き継いで宇宙開発推進本部が開発した２段式の固体燃料ロケットがＪＣＲだ。１９６９年（昭和44年）９月、種子島宇宙センターから１号機、２号機が打ち上げられ、１９７４年の10号機の打ち上げまで開発が続けられた。

これらの打ち上げで得られた成果が、やがて大型の国産ロケット開発に生かされることになる。

宇宙条約の発効　国際協力へ

この頃の国際情勢を述べれば、１９６２年のキューバ危機を乗り越えてから、世界各国は次第に国際協力の体制を採るようになっていった。国際的な連携の必要性が叫ばれるようになり、１９６７年（昭和42年）には、宇宙条約が発効された。

このとき宮川は、政府の代表として、フランスで行われた国際会議に出かけていった。「ちょっと行って来る」と言って。

この年、長男は小学校５年生。テレビ朝日で募集していた黒柳徹子さんや、シンペイちゃん等が審査員を勤める寸劇に、クラスメートが応募して友達数人と出演することになった。大きな体育館のようなところで彼等は演じた。

舞台の左右から頭に手作りのロケットをつけて走り出てくる。

「やぁ！　アメリカのロケット君コンニチワ」

「やぁ！　日本のロケット君コンニチワ」

「君はどこから来たの？」

「僕はケープカナベラル宇宙基地から飛び立ったんだ。君はどこから来たの？」

「僕は種子島から飛んで来たんだよ。宇宙は広くてすごいなぁ。お月様に行ったらウサギさんたちがお餅をついているか見て来てね」

「ああ分かった。僕はこれから火星に行くんだ。火星人と会うのが楽しみだ。じゃあまた会おうね」

「今度会ったとき、火星人の話を聞かせてね」

「ＯＫ　じゃあまた会おう」

「元気でね！　さようなら」

「さようなら！」

彼等は出てきた舞台の袖とは反対側に手を振りながら走り去る。

ざっとこんな寸劇だったように記憶している。舞台演出のご褒美は、少年少女世界名作物語の数冊の本だった。

軍事転用事件

科学技術庁の航空宇宙技術研究所（ＮＡＬ）は実験を積み重ねながら、着々と技術を向上させていった。

一方、ペンシルロケットに端を発するグループの方は問題を引き起こす。

戦後、ロケット開発大国となったアメリカは、日本の小さな固体燃料のペンシルロケットには関心を示さなかった。しかし、態度を一変させたのが、１９６１年（昭和36年）から翌年にかけて、東大ロケットの製造にあたっていたＦ精密がユーゴスラビアにカッパ・ロケットＫ―６Ｙ型５機や地上設備などを販売していたことが発覚したときだった。

ユーゴスラビア軍のミサイル開発の責任者が、１９５８年（昭和33年）に、東大生産技術研究所及びＦ精密工業とユーゴスラビアの間で輸出契約が結ばれ、ユーゴスラビアからの技術者の受け入れの合意がなされていたのである。ロケット本体と打ち上げ設備と固体燃料製造設備が1億７０００万円で輸出されることになり、後にロケット追尾用レーダーも輸出された。平和目的の国際協力であることが契約条件とされていたものの、これらの技術はユーゴスラビアが独自開発していた地対空ミサイル「ブルカン」に軍事転用された。ユーゴスラビアの狙いは、コンポジット推進剤の製造だった。以来、同国はミサイルやロケット弾の推進剤の一大製造拠点となり、発展途上国にこれらが輸出されることになるのである。

ほかにも１９６５年（昭和40年）に、Ｉ商事がインドネシアにカッパ・ロケットＫ—８型10基（機）と関連機材を輸出し、その軍事転用を懸念したマレーシアが日本に抗議するという事態も発生する。

１９６７年（昭和42年）、当時の佐藤栄作首相は共産圏や紛争当事国への武器輸出を禁止する「武器輸出三原則」を表明している。

宇宙開発事業団（ＮＡＳＤＡ）の発足

科学技術庁は１９６４年（昭和39年）に宇宙開発に関する中核的な実施機関として、付属機関である宇宙開発推進本部（ＮＡＳＤＡの前身）を設置した。そして１９６７年（昭和42年）12月、宇宙開発審議会の会長の山縣昌夫は、宇宙開発委員会を設置する答申を決め、翌年、委員長代行に就任し、ここに新たな日本の宇宙開発体制が整った。

山縣が取り組んだのは、大学と科学技術庁の役割分担を決めることであり、実用衛星計画を実施する機関である特殊法人宇宙開発事業団を設立することだった。このとき、「東大側の頑なとさえ思える高姿勢に苦労した」と、後年述懐している。

実用分野の宇宙開発を推し進めよう、ということから、１９６９年（昭和44年）10月に、科学技術庁の宇宙開発推進本部を発展させる形で、宇宙開発事業団（ＮＡＳＤＡ）が発足する。母体となった科学技術庁宇宙開発推進本部と郵政省電波研究所電離層観測衛星開発部門の組織が引き継がれることになった。この機関の課題は、実用衛星を打ち上げる誘導装置付きの液体ロケットの実用化であった。実用衛星打ち上げを目標として、いよいよ日本におけるロケット開発が本格化することになる。

世はまさにインテルサット時代であった。１９６４年（昭和39年）には東京オリンピックが開催され、東京オリンピックはアメリカが太平洋上の高度3万６０００キロメートルの静止軌道に打ち上げた「シンコム３号」によって、衛星中継された。

生き延びた組織

科学技術庁の宇宙開発事業団（ＮＡＳＤＡ）が発足したとき、東京大学と日産自動車の固体燃料ロケットの開発が中止に追い込まれそうになった。開発していたのが兵器への転用の恐れがある固体燃料ロケットだったにもかかわらず、輸出先を確認していなかったことが問題視されたのだ。

　このときは、科学研究の衛星だけを打ち上げることを条件に、どうにか研究の続行が許可され、科学分野の宇宙開発は東大宇宙航空研究所（その後改組されて文部省宇宙科学研究所）が行なうこととされた。宇宙開発事業団の実用衛星用のロケットと東大宇宙航空研究所の科学衛星用のミューロケットについてはサイズも決められ、直径１・４メートルより大型のロケットは宇宙開発事業団が行う、という線引きがなされている。

　日本のロケット開発は科学と実用という二つの領域に縦割りとなった。

　単純に仕分ければ、一つは科学技術庁が所管し、液体燃料ロケットを使い、実用衛星の打ち上げるグループ。もう一つは文部省が所管し、固体燃料ロケットを使い、科学衛星を打ち上げる東大のグループである。

　宇宙開発事業団（ＮＡＳＤＡ）の発足で、いったんはなくなりかけた東大宇宙航空研究所だが、１９７０年（昭和45年）2月11日、鹿児島県内之浦からラムダ４Ｓ型ロケットで人工衛星「おおすみ」を打ち上げ、地球周回軌道への投入に、ようやく成功する。衛星はわずか24グラムのものだった。この成功に至るまで東大のロケットは4回の失敗があった。

　宇宙開発の体制を整備するにあたって、東大は科学技術庁と争い、大学の役割を超えるような主張をしていたこともあり、ラムダ４Ｓ型ロケットが失敗したとき、強く非難された。風が吹くと軌道が狂ってしまうため、「帆船のようだ」とも言われた。

人工衛星の成功を待たず、1967年（昭和42年）、糸川は東大を退官した。

朝日新聞は、それまでの打ち上げ失敗を批判して、東大、宇宙研はロケット開発から手をひけ、というキャンペーンを張っていた。

液体燃料ロケットの神髄

東大の研究グループはその後、1981年（昭和56年）に文部省の国立機関である宇宙科学研究所（ISAS）になったが、それからも文部省と科学技術庁の縦割りは続いた。

後に宇宙航空研究開発機構（JAXA）となって、ようやく日本の宇宙開発は一元化されることになるのだが、それまでにも宇宙開発の一本化が取り沙汰されたことがある。つまり、航空宇宙技術研究所（NAL）と東大グループとの合併である。

当初から液体燃料ロケットの研究開発を進めてきた航空宇宙技術研究所（NAL）の科学者、技術者たちは、これに戸惑った。液体ロケットエンジンと固体ロケットエンジンを組み合わせた多段式ロケットを構成するという意図に理解はできても、彼等との技術的ギャップをどう埋めればよいのか、躊躇があったのはもっともである。

東大グループは、液体燃料ロケットが何であるかが理解できていないような人たちも含まれていた。しかも、航空宇宙技術研究所（ＮＡＬ）のロケットの性能を正しく評価することができない彼等は、主導権を要求してきた。

科学技術庁の航空宇宙技術研究所（ＮＡＬ）の側は、さすがに実力ある大人たち。彼等の主張を苦笑しながらも、無視するしかない、ということになった。

航空宇宙技術研究所（ＮＡＬ）と東大宇宙研との一本化は所詮無理があったのである。この無理な一本化を進めようとしたことにより、迷惑を蒙ったのが海外のロケット界の人々であった。航空宇宙技術研究所（ＮＡＬ）の専門家を相手に進めてきた技術交換も、宇宙研がしゃしゃり出たことで、そのレベルの違いに困惑するのである。アメリカだけでなく、フランスにおいても然り。この珍道中は続く。この一本化の無理がもたらした惑いは、我が国にとっては残念な事態であった。

第五章　国産技術の飛翔

冷戦下の思惑

東西冷戦時代、宇宙開発レースはアメリカとソ連というライバル争いを軸に国家主導で進められた。いずれもロケット超大国の米ソは、双方の陣営をリードしなければならない立場であり、宇宙開発にも国家と経済体制の威信がかかっていた。しかも安全保障上の目的もあるため、ロケット開発に投じる予算も人材の量も日本とは桁違いだった。ロケットエンジンの開発一つとっても大物量作戦で強力に推し進めたのである。

熾烈な覇権争いを大きなエネルギーに換えて、アメリカは人類の月着陸という快挙を成し遂げる。1969年7月20日、アポロ11号のニール・アームストロング船長は地球以外の天体に立った最初の人間となった。1972年まで、アメリカは6回の月往復を行っている。6回目には、月面に21時間36分滞在して、22キログラムの月の石を採取した。液体燃料ロケットエンジンのサターン—Bとサターン V型ロケットを用いたアポロ計画は「人類の手がけたもっとも複雑なシステム」と言われた。

このようにアメリカは、ほかの国が到底、追いつけそうもないほどの力量の差を見せつけたが、東西冷戦の最中であり、自国の技術的優位を保ちつつ、大切な同盟国に恩恵を与え、西側諸国の結束を世界に示す必要もあった。そこで国家戦略として、ヨーロッパに対してはイギリスに主導させる形で「ヨーロッパ」ロケットの開発を進めさせ、アジアにおいては同盟国の日本に技術供与を行うことにするのである。

1967年（昭和42年）、日米宇宙協力協定が結ばれる。この協定には、ロケットの平和利用、第三国への技術移転禁止、インテルサットとの競合禁止、無断での第三国の衛星の打ち上げの禁止、地球への再突入技術は移転しない、といった項目が盛り込まれていた。

日米政府間で技術提携の取り決めがなされたが、日本のロケットを軍事目的に転用させないようコントロールしようという、アメリカ側の思惑もあったのだろう。

1965年に、米国務省の軍備管理・縮小局はジョンソン大統領に対して「日本は3年以内に核弾頭ロケットを自力で開発する能力を持つだろう」という警告を発している。

糸川らのロケット輸出が、大きな疑惑を抱かせたものと思われる。カッパ・ロケットのユーゴスラビア輸出事件を一つのきっかけとしてアメリカは日本に対するロケット開発に敏感になった。買う側に軍事目的があれば、軍事目的に転用されるのがロケットである。固体燃料ロケットを次第に大型化していけば、大陸間弾道ミサイルロケットも技術的に可能になる。アメリカはこのことに危機感を持ち、液体燃料ロケットの技術を供与することで、日本のロケット開発に関わりつつ、核ミサイルの開発の芽を摘み、輸出を管理する、という思惑を持ったとしても不思議ではない。

ロケットＮＩＰＰＯＮ

日本の宇宙開発は、米ソに対抗できるような予算規模ではなかったが、日本の科学者や技術者は優秀で、勤勉で、熱意にあふれていた。実績も上げていた。本来、ＬＳ―Ａロケットに始まった近代ロケットはＬＳ―ＣのＱ'ロケット、ＮＩＰＰＯＮのＮロケットと自主技術を開発しながら進む。

日本には１９５５年（昭和30年）から航空技術研究所（ＮＡＬ）で開発を進めていた液体燃料ロケットエンジンがある。この性能が明らかになると、せっかく築いてきた「ロケットの父」云々の話が瓦解してしまうためなのか、かねてから売り込み攻勢をかけていたアメリカのデルタの技術を採用するよう、宇宙開発事業団に迫った人物がいたのかもしれない。

航空宇宙技術研究所（ＮＡＬ）の液体燃料ロケットの何たるかがわからない人々は、以前から売り込み攻勢をかけていた超大国の力にすがるほかない、と考えたのかもしれない。

１９５５年（昭和30年）から本格的に開発を進め、すでに世界的なレベルに達していた我が国の液体燃料ロケット技術を無視して、売り込み攻勢にあっていたアメリカの衛星やロケットを採用することにしたのである。アメリカの技術者たちに媚び、甘く見られながらの決定であった。その結果、Nロケットの費用は膨らみ、多額の血税が使われたのである。

１９７０年(昭和45年)のQ計画、つづいてN計画が新N計画に変更されたことにともない、ロケット開発はN―Iロケット第2段用LEエンジンの開発へと進む。

全長32・6メートル、最大直径2・4メートル、打ち上げ時の総重量90トンの大型ロケットである。1段目がMB―3、2段目がLE―3の液体燃料ロケットエンジンの構成である。

N―Iの開発は急ピッチで進められ、開発開始から2年後の3月にはエンジンの燃焼実験が完了した。

宇宙開発事業団は、１９７５年（昭和50年）9月9日、技術試験衛星Ⅰ型ETS―1を積んだN―Iロケットの打ち上げに成功する。この後、8年間に7機のN―1が打ち上げられ、6機が成功を収めている。

日本初の静止衛星「きく2号」

１９７７年（昭和52年）にはＮ―Ｉロケットによって、我が国初の静止衛星「きく2号」が打ち上げられた。

３万６０００キロメートルの宇宙圏への投入によって可能になる静止衛星の打ち上げには、極めて高度な技術を要する。世界はこぞって、この功績を讃えた。たとえばアメリカ議会の報告書には次のように記された。

「日本は、世界で第3番目の自力による静止衛星打ち上げ国となった。これまで、日本の宇宙開発技術は、フランスや中国とほぼ同じ水準にあるものと考えられていたが、今回の『きく2号』の成功によって、他の二者よりも上位にあることが明らかになった。これは、日本人の優れた資質と努力、そして電子工学などにおける高度に発達した技術力のもたらした結果として、賞賛を惜しまない」

さらに「宇宙開発を平和目的に限定している日本が、困難な静止衛星打ち上げに成功を収めたことは驚くべきことである。成功の主因と考えられる電子工学技術は今後ますます進歩し、それに応じて日本の宇宙開発もますます発展することであろう」と絶賛している。

N―Iロケットの成功は日本の宇宙開発に飛躍をもたらした。それまでアメリカに大きく遅れをとっていた液体燃料の大型ロケットが一気に開花したのだ。

1955年（昭和30年）から開始された国策・宇宙開発はここに具現化したのである。N―Iロケットは我が国初の静止衛星「きく2号」を始め、多くの実用衛星を打ち上げていた頃、アメリカからの視察団が盛んに航空宇宙技術研究所（NAL）を訪れた。

宮川は彼等に対して言った。

「あなた方は、日本語が話せるのか？」

「ノー、ノー」

「我々が外国に行くときには、少々の会話ぐらい勉強していく。あなたたちも、少しぐらい日本語を勉強して来なければだめじゃないか」

「もっともっともっとも」

この視察団と宮川の会話は、その後しばらく研究所で話題になった。

宮川はフランスの国際会議に出かける前、しばらく銀座のリンガフォンに通って、フランス語の勉強をしていた。

N―Iロケットの実績

1号機
1975年9月9日　**成功**　技術試験衛星I型「きく1号」（ETS―I）

2号機
1976年2月29日　**成功**　電離層観測衛星「うめ」（ISS）

3号機
1977年2月23日　**成功**　技術試験衛星II型「きく2号」（ETS―II）

4号機
1978年2月16日　**成功**　電離層観測衛星「うめ2号」（ISS―b）

5号機
1979年2月6日　**一部失敗**　実験用静止通信衛星「あやめ」（ECS）衛星分離後、第3

段ロケットが衛星に接触。

6号機

1980年2月22日　**成功**　実験用静止通信衛星「あやめ2号」（ECS—1b）

7号機

1982年9月3日　**成功**　技術試験衛星III型「きく4号」（ETS—III）

航空宇宙技術研究所（NAL）の実力

N—Iロケットの打ち上げはすべて成功したが、衛星については2回の失敗があった。1979年（昭和54年）と1980年（昭和55年）、実験用静止衛星「あやめ」を打ち上げが連続して失敗してしまうのである。

ロケットで衛星を打ち上げても、それを静止軌道に乗せるのは容易ではない。いくつかの段階を踏む必要がある。ロケットで打ち上げたら、まず地球に近い円軌道に乗せて、次に静止トランスファー軌道に移り、さらに静止軌道に乗せなければならない。静止トランスファー軌道から静止軌道に移るとき、噴射で加速をつけるのだが、このために使用される固体燃料ロケットのモーターをアポジモーターという。

「あやめ」はアメリカのエアロジェット社のアポジモーターを積んでおり、これに問題があるようなのだが、原因を究明しようとしても、アエロジェット社は当初、「ブラックボックスだ」として何も教えてくれない。

アメリカのデルタロケットのライセンス生産やアメリカ製部品のノックダウン生産で、衛星のアポジモーターなどはブラックボックスにされていたことから、純国産の人工衛星の採用が強く意識されるようになった。

そもそも航空宇宙技術研究所（NAL）にはLS—AやLS—Cなどのロケットを打ち上げた液体燃料ロケットエンジンMB開発の実績がある。

元航空宇宙技術研究所所長の山内正男が宇宙開発事業団の理事長に就任すると、技術導入から本来の自主開発へと路線変更がなされた

ロケットの性能

ここでロケットの性能について簡単に触れておきたい。

ロケットの性能は打ち上げる重量と軌道の高さで決まる。ロケットで打ち上げる人工衛星や宇宙船を「ペイロード」という。打ち上げられるペイロードが重ければ重いほど、またペイロードを到達させる軌道の高度が高ければ高いほど高性能のロケットということになる。つまり、高性能のロケットにするためには、ロケットの重量をできるだけ軽量化し、かつロケットの力の大きさ、つまり推力をできるだけ大きくする必要があるのだ。重いペイロードを上げるため、徹底的したロケットの軽量化が図られるが、空になった推進薬タンクなどを切り離す多段式ロケットにしてもより軽量化する工夫の一つだ。

「推力」とはどれくらいの重さの物を持ち上げることができるかを示す値で、毎秒に噴射される燃焼ガスの質量と燃焼ガスの噴射速度の積に比例する。燃焼ガスの質量が多いほど、噴射速度が速いほど、推力は大きくなる。

N―Iロケットの成功

Nロケットは打ち上げる衛星の重量に応じて、その能力を向上させていった。N―I型の静止衛星の打ち上げ重量は130キログラムが限界であった。気象観測や通信、放送で衛星が必要とされるようになると、さらに大型の300キログラムクラスの衛星を打ち上げる必要に迫られることになった。
N―Iロケットの後継として開発されたのがN―IIロケットである。

N―IIロケットの成功

N―IIロケットによって打ち上げられたのは、技術試験衛星IV型「きく3号」、静止気象衛星「ひまわり2号」、静止気象衛星「ひまわり3号」、通信衛星「さくら2号a」、「さくら2号b」、放送衛星「ゆり2号a」、「ゆり2号b」、海洋観測衛星「もも1号」で、これらの衛星は全8回の打ち上げ、すべてに成功している。
N―IIロケットの第一段エンジンはN―Iロケットと同じMB―3エンジンであり、推進薬タンクを延長したものである。個体燃料補助ロケットエンジンも3本から9本に増やしている。2段目、3段目のロケットも大型化したことによって、打ち上げ重量は350キロと大幅に向上した。
「当時はLE―3エンジンの後継としてLE―4エンジンも開発中だったが、このロケットは不採用となり、日の目を見ることはなかった。不採用の理由はわからないが、性能であったのか、政治的な理由であったか、いずれかであろうと思われる」という話もある。

宮川の功績を妬む者たちによる妨害も疑われた。

宇宙開発事業団の初代理事長に就いたのが、新幹線の生みの親とされる元国鉄技師長の島秀雄である。１９０３年（明治36年）に大阪で生まれた島は東京帝国大学工学部を卒業後、鉄道省に入省し、「デゴイチ」の愛称で有名な貨物用蒸気機関車Ｄ51形の設計に関わり、戦後は新幹線の開発にあたった。

ただし、さしもの島もロケットの開発は畑違いで、航空宇宙技術研究所（ＮＡＬ）の液体燃料ロケットの真価が分からなかったようである。

アメリカからの技術導入の背景にはどのようなことがあったのか？

当時、開発の本流から外され、時代の吹き溜まりに吹きだまったペンシルロケットの流れを汲む男たちが、子供だましのパフォーマンスを繰り広げ、一部のマスコミを巻き込み、名誉欲と売名欲のためにロケット誕生物語づくりをしていた。後のＩＰＳ細胞に関する森口氏に共通する、彼等の自己満足の行為は、やがて白日のもとに明らかにされるであろう。

N―IIロケットの実績

1号機
1981年2月11日　**成功**　技術試験衛星IV型「きく3号」（ETS―IV）

2号機
1981年8月10日　**成功**　静止気象衛星2号「ひまわり2号」（GMS―2）

3号機
1983年2月4日　**成功**　実験用静止通信衛星2号―a「さくら2号a」（CS2a）

4号機
1983年8月6日　**成功**　実験用静止通信衛星2号―b「さくら2号b」（CS2b）

5号機
1984年1月23日　**成功**　実験用静止放送衛星2号―a「ゆり2号a」（BS2a）

6号機
1984年8月10日　**成功**　静止気象衛星3号「ひまわり3号」（GMS—3）

7号機
1986年2月12日　**成功**　実験用静止放送衛星2号—b「ゆり2号b」（BS2b）

8号機
1987年2月19日　**成功**　海洋観測衛星1号「もも1号」（MOS—1）

H—Iロケットのエンジン LE—5の開発

科学技術庁・航空宇宙技術研究所（NAL）の日本の技術陣は、ロケットや人工衛星の大型化、静止衛星の技術の確立を進め、アメリカの介入を脱し、いよいよ大型国産ロケットの開発を目指すことになる。

これがH—Iロケットである。

Ｎ―Ⅱロケットの後継となるロケットの名称を「Ｎ―Ⅲ」とせず、「Ｈ―Ⅰ」としたのは、自主開発の思いを、日章旗「ＨＩＮＯＭＡＲＵ」の頭文字「Ｈ」に込めたためである。

この新しいロケットの名称をどうするかについて、我が家を訪れた研究所の人たちと夫との楽しげなやり取りを思い出す。


「宮川さんのＭはどうでしょう」

「ミューがあるからなぁ」

「酸素のＯ、水素のＨ」

「ＯＨかＨＯ！」

「長嶋・王のＯＮのようでいいな」

「Ｈか。みんなＨだからいいんじゃないの」

新しいロケットの名称に、皆が一つになって喜んでいたことを思い出す。

Ｈ―Ⅰロケットは３段式である。第１段ロケットはＮ―Ⅱロケットと同じＭＢ―３エンジン。第３段には国産の固体ロケットを採用する。そして第２段の液体燃料ロケットエンジンは液体酸素と液体水素を燃料とするLE―5の高性能エンジンを自主開発することになった。

目指すのは、エンジンの燃焼をいったん止めてから、軌道上の無重力状態でエンジンを再点火するというハイテクで、しかもクリーンなエンジンであった。

日本の技術陣はこの難題に果敢に挑んだ。

高圧の液体酸素と液体水素を燃料タンクから燃焼室に送り込まなければならないが、液体酸素は沸点がマイナス180℃、液体水素はマイナス253℃と大きく異なるため、扱いが難しい。しかも水素は分子量が小さく、ごく小さな隙間があると、そこから漏れてしまう。

宮川は、超高速で回転するロケットエンジンのための潤滑法を確立し、さらに燃料の漏れを最小にするシーリング技術を確立したことにより、H―IロケットのエンジンであるLE―5の実現の道が拓かれたのである。

我が国の宇宙実用化時代の花形として開発されたH―Iロケットは、全長40・3メートル、静止軌道への投入能力は500キログラムを超える高性能なロケットとなった。

1986年(昭和61年)8月、宇宙開発事業団の種子島宇宙センターから1号機が打ち上げられ、以降、9機が生産され、すべての打ち上げに成功している。H―Iロケットは、通信衛星、気象衛星、放送衛星、海洋観測衛星など、数々の実用衛星を打ち上げ、すべて軌道投入に成功した。これらの衛星がもたらした恩恵は、われわれ現代人の生活を支える上で欠かせないものとなっている。

H—Iロケットの実績

試験機1号機
1986年8月13日　**成功**　測地実験衛星「あじさい」(EGS)

試験機2号機
1987年8月27日　**成功**　技術試験衛星V型「きく5号」(ETS—V)

3号機
1988年2月19日　**成功**　実験用静止通信衛星3号—a「さくら3号a」(CS—3a)

4号機
1988年9月16日　**成功**　実験用静止通信衛星3号—b「さくら3号b」(CS—3b)

5号機
1989年9月6日　**成功**　静止気象衛星4号「ひまわり4号」（GMS―4）

6号機
1990年2月7日　**成功**　海洋観測衛星1号―b「もも1号b」（MOS―1b）

7号機
1990年8月28日　**成功**　実験用静止放送衛星3号―a「ゆり3号a」（BS―3a）

8号機
1991年8月25日　**成功**　実験用静止放送衛星3号―b「ゆり3号b」（BS―3b）

9号機
1992年2月11日　**成功**　地球資源衛星1号「ふよう1号」（JERS―1）

LE―7エンジンの完成

N―I、N―II、H―Iの各ロケット運用については日米間の協定があるため、日本以外の国の衛星を打ち上げる場合、アメリカ側の許可を要するといった制限があった。完全国産化を目指した宇宙開発事業団だが、技術的に最も難しいのは、大きな推力を必要な1段目のロケットである。

新型ロケットの開発は1984年（昭和59年）にスタートした。目指すは第1段目と第2段目にいずれも液体燃料ロケットエンジンを用いる、世界初のロケットである。

第2段はH―Iロケット用に開発中のLE―5ロケットエンジンを改良したLE―5Aロケットエンジンを使用することになった。再着火方式を取ることで、2段だけで3段目の役目もこなしてしまうという、世界でも珍しいシステムだ。

第1段目のロケットエンジン、LE―7エンジンは、液体酸素と液体水素の組み合わせに的を絞って開発を進めたが、超低温の液体水素は、ヘリウム以外のあらゆるものを凍らせてしまう。一方、燃焼ガスは3000℃という超高温だ。ロケットエンジンは極低温から超高温まで、極めて厳しい環境に置かれることになる。この両極端な性質の物質を扱わなければならない。しかも巨大な出力を持つ大型ロケットの液体燃料エンジンだ。LE―5Aに比べて、真空中で約10倍もの推力を持つエンジンの内部は、最高300気圧に近い状態となる。この気圧に耐えうるエンジンを開発しなければならない。

開発は難航した。エンジンがうまく着火しないとか、水素が漏れてしまい爆発する、といったトラブルに見舞われた。原型、実験型（その1）、実験型（その2）、実験型（その3）と4つのモデルにわたって合計16台のエンジンが試作され、このうち3台は爆発事故で失われ、また燃焼器の燃焼試験後に行われた気密試験で、日本の宇宙開発史上初となる犠牲者も出した。困難に直面しながらも、難題を一つずつクリアし、合計1万5000秒（合計281回）もの燃焼試験を実施した後、ついに高さ3・4メートル、直径1・8メートル、重さ1・7トンという巨大なエンジン、LE—7が完成する。

LE—7の開発を終え、次の大型ロケットであるH—Ⅱロケットの段取りを見届けると、宇宙開発事業団H—Ⅱロケット、LE—7エンジン技術会議委員は続けながら、宮川は航空宇宙技術研究所（NAL）を去った。

宮川には、中国その他の国から招聘もあったが、法政大学の教授として余生を送り、1992年（平成4年）に亡くなった。享年68歳であった。

宮川の死後にまとめられた、科学技術庁の「功績調書」の冒頭に次のように述べられている。

「氏はすこぶる好奇心に富み、綿密な計画のもとに粘り強く現象を追求する天性の研究者であった。チームプレイにおいては、強力な指導力を発揮するとともに、常に陣頭指揮を行い、文字どおり率先垂範してことに対処する反面、後進の指導にあたっては、極力本人の意志を尊重し、意欲を引き出すことに意を尽くし、適切な助言を与えることに終始した。その結果、多くの優秀な後進研究者を育成し、斯界の発展に大きく貢献した。

業務に当たっては常に未知未踏の分野に積極的に挑戦し、先見性に富む幅広い識見と、精緻な判断力を武器に直さい的に結果を予見するという、稀にみる才能を発揮して数多くの独創的な成果を挙げてきた。後年においては教育に意欲的に取り組み、若手研究者の指導教育に尽力した。その真摯で行動力に富む人柄は、常に周りの人々の信望の的であり、深く敬愛する処であった。」

H―Ⅱロケットの高度な技術

宮川の最後の研究となったH―ⅡロケットのエンジンであるLE―7について、もう少し詳しく記述したい。

H―IIロケットは日本の自主技術による2段式の液体燃料ロケットで、高度3万6000キロメートルの静止軌道に、重量2トン級、高度の低い低軌道に5トン級の人工衛星を打ち上げる能力を持つ。
第1段のメインエンジンとして、新たに開発された大推力のLE―7には、「プリバーナ」と呼ばれる燃焼室で液体水素の全量と、液体酸素の一部を燃焼させ、発生したガスでターボポンプを駆動させて、残りの液体酸素とともにもう一度燃焼させるという、2段燃焼サイクルが採用された。アメリカのスペースシャトルのメインエンジンで採用されているのと同じシステムであり、これによって真空中110トンの大推力を発揮できる。
またLE―7エンジンの補助用として、第1段左右に固体燃料ロケットエンジンを装着した。作動時間は約93秒で、この2本のエンジンで約316トンの推力がある。
H―IIロケットの第2段にはLE―5Aエンジンを搭載している。これはH―Iロケットの2段目として開発されたLE―5を改良したエンジンで、推力は約12トンである。
打上げ前の段階では人工衛星の清浄度を維持するため、打上げ時には空力加熱や音響などから衛星を護(まも)る衛星フェアリングは、人工衛星の形態・サイズに合わせて4種類用意され、柔軟な運用が可能になった。
ロケットの誘導制御は、推力偏向制御と姿勢制御用ガスジェットの噴射によって行う。ノズルの向きを油圧で動かして推力方向を変化させる、推力偏向制御が採用された。
Ｈ―Ｉロケットで我が国初のロケット搭載用慣性誘導計算機（ＩＧＣ）が実用化されたのに続き、１９８５年（昭和60年）から高性能化、小型化、コスト低下、部品レベルでの完全国産化などを目指してＨ―Ⅱロケット用のＩＧＣの開発が進められ、リング・レーザ・ジャイロを使用した、ストラップダウン慣性誘導システムとして開発されたものが、２段目に搭載されることになった。ロケットはＩＧＣによって、地上からの指令でなく、自動的に誤差を修正しながら目的の軌道を飛行することが可能となった。

アメリカの圧力

純国産ロケットＨ―Ⅱがようやく完成する見通しとなった頃、思わぬ壁が生じた。日米の貿易摩擦が深刻になり、その影響が及ぶことになったのだ。

アメリカは航空宇宙分野における自国の地位を守るためか、日本に圧力をかけ始めた。１９９０年にアメリカは包括貿易法「スーパー３０１条」を持ち出してくるが、このとき標的にしてきたのが、スーパーコンピュータと木材、そして人工衛星だった。

当初、電電公社の大型の通信衛星を自前とした実用衛星を打ち上げる。という政府方針があったが、ブッシュ政権時代にスーパー301条が発動され、衛星市場が開放を要求された。日本国内で使用する実用衛星も、国際競争入札にかけなければならない、ということになり、結果として電電公社から民営化されたNTTが、衛星を公開調達することになった。日本政府はこれらの条件をのんだため、実用衛星の打ち上げはアメリカのロケットにさらわれることになる。この頃の日本のロケットはまだ高コストであったため、価格競争で欧米にかなわなかった。アメリカとの通商摩擦の結果、日本の衛星産業は壊滅的な打撃を受けた。H—IIロケットが打ち上げる予定だった、4つの大型実用衛星の打ち上げをアメリカに取られてしまったのだ。

裏を返せば、日本の技術力は、ついにロケット超大国アメリカさえ怯えさせる存在に至ったということであろう。

日本の液体燃料ロケットの開発は戦後、いったんは道を閉ざされながら、多くの科学者、技術者たちのひたむきな努力の積み重ねにより、遂に日本は世界トップクラスのロケット技術を取り戻したのである。

航空宇宙技術研究所（NAL）角田支所の地道な燃焼試験

通信衛星、気象衛星、放送衛星など、社会の人工衛星へのニーズは時代を追うごとに高まっていった。多くの衛星が必要になり、しかも人工衛星の大型化が進んだ。勢い、液体燃料ロケットエンジンの性能向上に向け、改良が進められていくことになった。何ごとにおいても実用化の前には度重なる実験、実証が必要だ。ロケットにおいては、とりわけ、その主体であるエンジンの性能が肝心であり、燃焼試験は重要な意味を持つ。

かつてロケットエンジンの燃焼試験は、東京都三鷹市の航空宇宙技術研究所の調布飛行場分室においてであった。その敷地は広大ではあったが、何せ東京である。研究所建設当時は住宅がまばらだったが、すさまじい宅地開発を押しとどめることはできず、周囲の宅地化が進んだため、エンジン出力の実験を行う「風洞設備」から発せられる騒音や振動が、付近の民家に与える影響が問題になった。

そこで科学技術庁は1965年（昭和40年）に、宮城県の角田の地に支所を開設することを決定する。1973年（昭和48年）には、航空宇宙技術研究所（NAL）の角田支所に燃焼試験設備が完成し、以降、主だった燃焼試験は、後に角田宇宙推進技術研究所と改称される角田支所で行うことになった。

航空宇宙技術研究所（NAL）の角田支所では1965年（昭和40年）の開設以来、MEやLEなどの高性能な液体燃料ロケットエンジンの燃焼試験が坦々と進められた。これらのエンジンは、LS―A、LS―B、LS―C、N―I、N―II、H―Iそして、H―IIなどのロケットを宇宙へと送り出すために活躍した。

日本のロケット開発に飛躍的な発展をもたらしたのが、この施設の技術陣による地道な実験の積み重ねである。

宮川も、かの地をたびたび訪れ、エンジンの燃焼試験を精力的に行った。エンジンの燃焼試験や飛翔試験は入念に行われた。一つのエンジンを完成させるには、確信が持てるまで、何回も何十回も何百回も繰り返し実験が行われるのである。それは、宮川の持ち前の性格でもあった。

ロケットに関することでいつも華々しく報道されるのは、種子島の発射場だが、ロケットの心臓部となるエンジンの実験を、地道に、黙々と行ってきたのが航空宇宙技術研究所（NAL）の宮城県の角田宇宙推進技術研究所だ。組織再編後、独立行政法人宇宙航空研究開発機構（JAXA）の角田宇宙センターとなったが、いまもって、フルパワーでの燃焼試験が行われ、ロケットエンジンの信頼性向上に重要な役割を果たしている。

宮川が何度も訪れて実験に打ち込んだ角田の地を、私もいつの日か訪れたいと思っている。

人口衛星を静止軌道　高度36,000キロメートル
に打ち上げることができるロケット

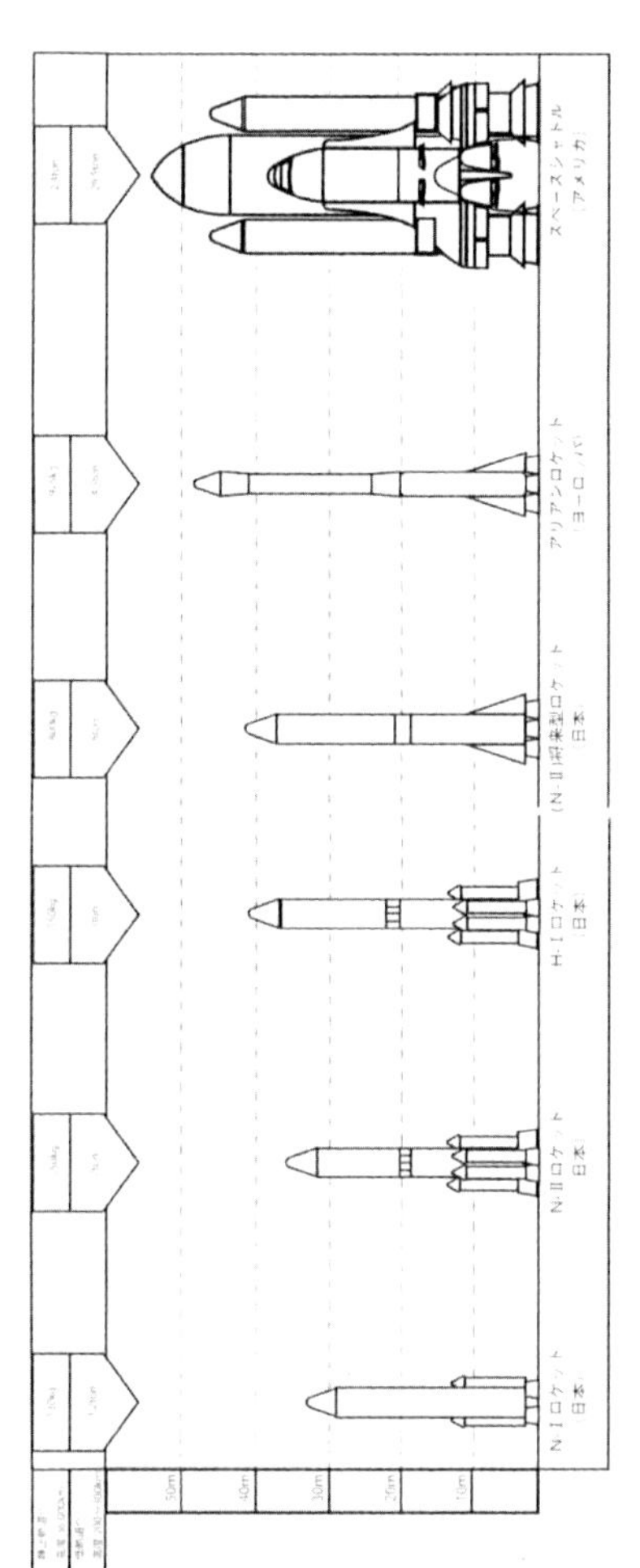

平成４年　当時宮川の書斎の壁に貼ってあった図表

第六章　我が国の人工衛星

花の名前

１９６３年、世界気象機構（ＷＭＯ）は、「１９７７年までに地球全域をカバーする静止衛星を打上げよう」という世界気象観測計画（ＷＷＷ）を計画した。

このとき太平洋の観測担当となった日本が、１９７５年（昭和50年）にＮ—Ｉロケットで静止衛星「きく」を打ち上げた。

それ以降も、航空宇宙技術研究所（ＮＡＬ）の液体燃料ロケットは、いろいろな改良と進化を重ねながら性能を向上させていった。種子島の発射場からＮ—Ｉ、Ｎ—Ⅱ、Ｈ—Ｉ、Ｈ—Ⅱの各ロケットが打ち上げられ、これらに搭載された人工衛星の「あやめ」「うめ」「あじさい」「さくら」「ゆり」「もも」「ふよう」、そして「ひまわり」などが次々と宇宙を目指して飛び立っていった。これらの人工衛星は、気象観測や通信、放送、カーナビゲーション、世界初の実用ハイビジョン専門放送など、数々の成果をもたらした。災害時や離島の通信、国土調査、農林漁業、環境保全、防災、沿岸監視などを通して、社会に貢献している。その恩恵は日本だけでなく、東アジア・太平洋地域の多くの国々に及んでいる。

国策として始まった我が国の近代ロケットの開発は、衛星100キログラムを打ち上げるQ計画から大型の衛星を打ち上げるN計画、新N計画へと発展を遂げ、ついに世界中から信頼される大型ロケットとして結実したのである。

日本の人工衛星には花の名前がつけられている。これについて「きく」が打ち上げられた日が、重陽の節句であったという説が語られているが、これは、日本の帝国海軍時代、航空機に花の名を冠したことになぞらえてつけられたものである。時代の荒波の中、特攻用の兵器として設計せざるを得なかったロケット、「桜花」「梅化」などへの鎮魂の意味が込められたのかもしれない。

日本の歴代の人工衛星をご紹介しておこう。

きく

宇宙開発事業団（NASDA）初の人工衛星である「きく1号」は、1975年（昭和50年）9月にN—Iロケットの1号機で打ち上げられた。1977年（昭和52年）2月には、N—I

ロケットの3号機で、日本初、世界でも3番目の静止衛星「きく2号」の打ち上げに成功している。

このほか、3号は1981年N—IIロケットで、4号は1982年N—Iロケットで、5号は1987年H—Iロケットで、6号は1994年H—IIロケットで打ち上げられた。1997年（平成9年）、H—IIロケットの6号機で打ち上げられた「きく7号」では「おりひめ」「ひこぼし」の自動ランデブー・ドッキング試験を実施している。

うめ

地球の電離層の観測を行い、短波通信の効率的な運用に必要な、電波予報、警報に利用するためのわが国最初の電離層観測の実用人工衛星である。

郵政省電波研究所は1966年（昭和41年）10月よりQロケットで打ち上げる電離層観測衛星を計画していた。この開発チームは1969年（昭和44年）10月に宇宙開発事業団（NASDA）が発足すると、この事業計画に組み込まれ、電離層観測衛星開発の業務も引き継がれた。当初はQロケットの開発計画に合わせて、1971年（昭和46年）夏の打ち上げを目標としていたが、1970年（昭和45年）10月に新N計画に変更となり、1976年（昭和51年）、

Ｎ—Ｉロケット２号機で打ち上げられた。世界で初めて電離層臨界周波数の地球周回分布を明らかにする、などの成果をあげている。

さくら

衛星通信システムを実現するのに必要な伝送技術、運用技術、管制技術などの確立を図るため、世界に先駆けて準ミリ波帯を利用した通信実験を行った衛星である。

１９８３年（昭和58年）、Ｎ—Ⅱロケットの３号機で「さくら２号ａ」が打ち上げられ、Ｎ—Ⅱロケットの４号機で「さくら２号ｂ」が打ち上げられた。「さくら２号」は、非常災害時通信、離島通信など、国内公衆通信及び公共通信に利用され、将来の通信衛星の技術開発にも役立てられた。「さくら３号」は、ＣＳ—２の通信サービスを継続し、増大かつ多様化する通信需要に対応するとともに、より高度な通信衛星に関する技術の開発を目的とした。

国内用の静止通信衛星を運用するのは、カナダ、アメリカ、ソ連、インドネシアに次いで日本が５番目であった。

あやめ

「さくら」に続く静止通信衛星の実験衛星である。通信衛星に必要な技術を確立するため、静止通信システムの実験や電波伝搬特性の調査を行ない、静止衛星打上げ技術、追跡管制技術並びに姿勢制御技術などの確立を目的とした。

１９７９年（昭和54年）2月6日、N―1ロケットの5号機で打ち上げられた。衛星分離後、第3段ロケットが衛星に接触し、アポジモーター点火後、電波が途絶し、予定の実験を行うことができなかったが、衛星とロケットの分離技術を開発する上での貴重な経験となった。

ひまわり

東経１４０度の静止軌道上に配置された、気象観測を目的とする静止衛星である。この衛星から送られる地球雲画像の観測データは、テレビ、新聞などの天気予報を始め、多分野で利用されている。「ひまわり」は１９７７年（昭和52年）、アメリカのケネディ宇宙センターからデルタロケットで打ち上げられたが、「ひまわり2号」以降は種子島宇宙センターから、日本のロケットで打ち上げられている。H―ⅡAロケットで打ち上げられた「ひまわり6号」「ひまわり

７号」は現在も運用中である。

かつて日本はアメリカから、衛星で撮れた写真画像を買っていたが、現在「ひまわり」の気象情報は日本だけでなく、東アジア・太平洋地域の国々にも提供されている。

ゆり

「ゆり２ａ、ｂ」実験用中型放送衛星で１９８４年（昭和59年）、Ｎ—Ⅱロケットの５号機で打ち上げられ、実質的に世界初となる「一般視聴者の聴取を目的にした衛星放送」の営業放送を開始した。「ゆり３ａ、ｂ」は沖縄・小笠原などの離島を含む、日本全土への一般家庭向け直接衛星放送サービスを行なうことを目的に、１９８６年（昭和61年）、Ｎ—Ⅱロケットの７号機で打ち上げられた。

あじさい

測地実験衛星。高精度測地ミッションの確立を目標とし、１９８６年（昭和61年）８月13日にＨ—Ⅰロケットで打ち上げられた。現在も運用中である。

もも

地球資源の有効利用、環境保全などの必要性から、我が国の自主技術による初めての地球観測衛星として開発された。地球観測衛星の共通的技術の確立および海洋現象の観測を主目的とするほか、農林業や環境状況のモニターなども目的とする。衛星から得られたデータは農林・水産資源、水資源の利用状況の調査、海洋・大気汚染の監視などに利用される。

「もも1号b」は1987年（昭和62年）2月19日、N―IIロケットの7号機で打ち上げられた。

1990年（平成2年）2月7日、H―Iロケットの6号機で打ち上げられた「もも2号」は、東南アジア諸国における地図の作成、火山の噴火や洪水など、自然災害の監視に役立っている。

ふよう

国土調査、農林漁業、環境保全、防災、沿岸監視などを目的とする地球観測衛星である。1992年（平成4年）にH―Iロケットの9号機で打ち上げられた「ふよう1号」は高精度観測のための合成開口レーダーと光学センサーを搭載、国内外のユーザーに観測データを提供した。

りゅうせい

日本の有翼回収機（ＨＯＰＥ）の設計・製作の技術を蓄積するため行われたのが、軌道再突入実験「りゅうせい」の飛行実験である。１９９４年2月4日、Ｈ―Ⅱロケットの1号機で打ち上げられ、地球を周回。温度センサーや圧力センサーで大気圏再突入に関する実験データを送信した後、太平洋上に着水した。

みょうじょう

１９９４年2月4日に「りゅうせい」とともに打ち上げられたＨ―Ⅱの性能確認用ペイロード。「きく6号」の構造モデルを再利用して製作された。衛星アダプターとダミーのアポジエンジンを取りつけている。Ｈ―Ⅱロケットの衛星軌道投入の精度、打上げ時に衛星が受ける機械の環境条件などを計測した。

ふじ

日本アマチュア無線連盟（ＪＡＲＬ）が、アマチュア無線中継のために開発し、測地実験衛星「あじさい」の相乗り衛星として打ち上げられた衛星。アマチュア無線家が開発した中継器を積み、音声や電信信号の中継ほか、デジタルパケット信号の中継などを行う。新型太陽電池と半導体の宇宙使用実験などにも利用された。

１９８６（昭和61年）年8月13日、Ｈ―Ｉロケットの試験機1号機で打上げられた。

「ふじ1号」の後継として開発された「ふじ2号」は、海洋観測衛星「もも1号―ｂ」の相乗り衛星として、１９９０年（平成2年）2月7日、Ｈ―Ｉロケットの6号機で伸展展開機能実験の「おりづる」とともに打ち上げられた。

「ふじ3号」は１９９６年（平成8年）8月17日、Ｈ―Ⅱロケットの4号機で打ち上げられ、ＪＡＳ―1とＪＡＳ―1ｂの機能を引き継ぐとともに新たな通信サービスを提供している。現在も軌道上で運用中である。

第七章　物語はいかに作りかえられたか

雑音に悩まされる

人工衛星は、気象観測衛星のみならず、通信や放送、城地球観測など、大型化が要求されるようになった。N―IIロケットは、大幅な打ち上げ能力の向上を図るため、固体燃料ロケットエンジンによる補助ロケットという方式を模索することになる。

航空宇宙技術研究所（NAL）には固体燃料ロケットNALやJCRが存在していたが、「NASDA（宇宙開発事業団）としてせっかく協力体制をとるのであれば、東大宇宙研と一本化してもよいではないか」という声が外野から上がった。

このときの航空宇宙技術研究所（NAL）の真価や、液体燃料ロケットの知識が不足する、東大宇宙研の介入はすさまじく、航空宇宙技術研究所（NAL）の研究陣はその雑音にしばしば悩まされた。

そんな人物の一人に糸川の化身のような人物五代富文という男がいる。糸川と親密であった

ＮＨＫの女性タレントの夫であるということ以外、全く得体の知れない男である。中西所長に頼み込んで入所してきた五代は、口は達者だが工学的な知識はまるで素人並み。初めは「生理学を学んだ」と言っていたようだが、いつの間にか航空科卒業となった。カリフォルニア大学に留学したというが、一体何を身に着けてきたのか。五代は自著の中で、図らずも吐露している。

「この（ロケット開発）研究にからんで、アメリカの研究者の生き方をかいま見たことがあった。カリフォルニアの空軍推進研究所で、研究のサワリを話してからほんの三か月もたたないうちに、その研究者が論文を発表したのだが、ちょっとした実験だけしてまとめたもので、そのお粗末さと盗作の速さにびっくりした。アメリカでは研究の途中で話をすること自体が不用心で悪いといわれたが……」と。

五代の生き方は、まさにこのパクリ的生き方を実行したかのようであった。次元の異なる五代の出現は、宮川の神経をいらだたせた。宮川の酒量は増えていった。

宮川の死後、弘前市から「宇宙飛行士、当時は毛利衛氏の講演会を開きたいのだが力を貸してもらえませんか」との要請があった折、この業界の要職にあった五代に電話をかけたことがあった。五代は初めから終わりまでヘラヘラと笑い通しで話にならなかった。結局、私は「毛利氏は多忙で、当分の間時間が取れないそうです」とお断りの返事をするしかなかった。

思い起こせば、私とまともに話ができない人間は、糸川英夫も同様であった。

「私は宮川行雄の家内でございます」

「世田谷明るい社会づくり推進協議会」主催のパーティでの出来事である。

その日、協議会では、社会的に活躍している世田谷区内に関係のある人たちを招いて、慰労懇親会のパーティが催されていた。私は、１９７６年（昭和51年）、長男の死をきっかけに、環境問題に取り組んでいた。当時としては、珍しい取り組みで、「静かさは文化のバロメーター」との標語を掲げ、各方面から注目されていた。私もそのパーティに招かれていた。そのときの話である。

私は訪問着の袂が何か引っかかるので気になっていたが、いつの間にか私の左横にぴたりと寄り添っている糸川英夫に気づいて、軽く頭を下げながら挨拶をした。「私は宮川行雄の家内でございます」と。

するとどうだろう。「はあァ……」と声にならない声を出して糸川英夫は、大きく口を開け、のけぞったまま固まってしまったのである。そして、その場からそそくさと消えてしまった。予期しないそのリアクションに、私をはじめ、そこにいた人たちは、あっけにとられてしまった。

「宮川さんがあまりにも美人なので、糸川さんは驚かれたのかしら」という声に、「そうそう」と私。

その後は出入り口に近い会場の隅から、こちらの様子をジッと糸川英夫が窺がっている。「こちらに来てご馳走を召し上がればよいのに」と、私も気にはなったが、会場の中で次々と話しかけられるので、その応対に忙しくしていた。その次に私が糸川英夫を探したときには、彼の姿は、会場のどこにも見つけることができなかった。

「伝説」の完成

近年の日本の宇宙開発に関わる出来事のうち、感動的な快挙ということで、ちょっとした社会現象にまでなったのが、第20号科学衛星MUSES—C、「はやぶさ」の帰還だ。

「はやぶさ」は2003年（平成15年）5月に、内之浦宇宙空間観測所からM—Vロケット5

号機で打ち上げられ、太陽周回軌道に投入された後、イオンエンジンで加速、２００５年（平成17年）の夏に、小惑星イトカワに到達し、イトカワのサンプル採集を試みた後、打ち上げから60億キロメートルを飛行し、２０１０年（平成22年）６月13日に地球の大気圏に再突入、世界で初めて、小惑星からサンプルを持ち帰った探査機となった。

途中、交信途絶など絶望的なトラブルに見舞われながら、「はやぶさ」は地球に帰還し、サンプル容器を切り離した後、大気圏で燃え尽きたシーンが感動を呼んだ。これをテーマにした映画が『はやぶさＨＡＹＡＢＵＳＡ　ＢＡＣＫ　ＴＯ　ＴＨＥ　ＥＡＲＴＨ』『はやぶさ／ＨＡＹＡＢＵＳＡ』『はやぶさ　遥かなる帰還』『おかえり、はやぶさ』と、次々に制作されたほどだ。

小惑星探査機が「はやぶさ」と命名されてから３ヵ月後の２００３年（平成15年）８月、目的地とされた小惑星１９９８　ＳＦ36は、「日本の宇宙開発の父」とされる糸川英夫にちなんで、「イトカワ」と命名された。「イトカワ」から帰還した「はやぶさ」の物語は日本中を大きな感動で酔わせた。大戦中、戦闘機「隼」の開発に関わったとされる「糸川」の伝説は、あたかも「はやぶさ」で完結したかのようである。

糸川英夫の化身、五代もそれに負けていない。ＮＨＫの特番「国産ロケットＨ―Ⅱ宇宙への挑戦・最先端技術にかけた男たちの夢」と仰々しいテーマで放映したが、中身は子どもだましの代物。殊に宮川等が開発したロケットエンジンの大きなポスターをバックに、ルパン三世調のイカサマ師五代がヘラヘラとクローズアップで終わるフィナーレは、見るに堪えない滑稽極まりないものであった。こんなイカサマな番組作りをするＮＨＫに、われわれは受信料を払う必要があるだろうか。

しかし、本書をここまで読まれた方であれば、事実は少し異なることを理解していただけたと思う。

液体燃料ロケットと個体燃料ロケットは、同じロケットでもまったくの別物であり、この二つのロケットを混同してしまうことから、真実が見えなくなるのである。航空宇宙技術研究所（ＮＡＬ）のＨ液体燃料ロケットと、バズーカ砲のレプリカのペンシルロケットを祖とする東大宇宙研の固体燃料ロケット。この両者はまったくの別物だ。一般の人が、このロケットの違いについて無知であることは致し方ないとしても、東大宇宙研の中には、いまだにその違いが分からず、両者を混同しているようにしか見えない人がいることに、少なからず呆れてしまう。

ＬＳ―Ａロケットに始まるＬＳ―Ｃ、ＬＳ―ロケット、ＮＩＰＰＯＮのＮ―Ⅰ、Ｎ―Ⅱロケット、Ｈ―Ⅰ、Ｈ―ⅡのＨＩＮＯＭＡＲＵロケットへと続く、大きな比推力を持つ液体燃料ロケットの研究開発の本流を担ってきたのは、科学技術庁の航空宇宙技術研究所（ＮＡＬ）の流れをくむ科学者、技術者たちだ。

東大の第二工学部にいた糸川がスタートさせたペンシルロケットや、東大宇宙研のミューロケットなどは固体燃料ロケットである。

固体燃料ロケットの技術は、第二次大戦中、日本ではすでに相当高いレベルに達していた。戦艦「大和」に搭載された、43センチ砲は、その射程45キロメートルという、当時としての世界記録を持っていた。

ところが、日本のロケット史が語られるとき、なぜか、この事実はほとんど無視される。

「戦後、米ソにとてつもない大差をつれられながら、日本の技術者、研究者たちは不屈の精神を発揮し、ペンシルロケットを成功させ、着実に技術を磨き、ロケットを大型化していった」という、感動的なドラマの中に浸りたい人がいたとしても不思議ではない。後輩として、糸川という先輩の伝説を語り継ぎたい、こういう気持ちも分からなくはない。「尊師が偉大でなければ信者たちは立つ瀬が無い」ということであろうか。

当事者の気持ちとしては理解できるが、不思議なのは、なぜ、この「物語」が唯一無二の真実のごとく定着したのか、である。

中国には易姓革命という思想がある。

現代社会でも本や新聞記事で活字になったことが、「真実」とされて伝わるのは珍しいことではない。日本のロケット開発をめぐっても、これと同じようなことが行なわれたのである。

マスコミの無知と不勉強

マスメディアの使命は、真実を伝え、残すことであるが、時として過ちを犯す。たまたま本書を計画しているとき、iPS細胞の再生医療をめぐる、読売新聞などの誤報があった。ハーバード大とか東大とかという肩書を持ち出されると、簡単に信じてしまうのであろうか、誤報の理由は分からないが、いずれにせよ理解できない事態だ。記者クラブという仕組みがあり、役人が渡してくれるペーパーを記事にまとめれば良いという生活をしているうち、自分の頭で考え真実を確かめるという習慣が消えてしまったのだろうか。

資本関係にあるためか、日本では新聞とテレビ間の相互検証の機能も働いていない。日本は今やノーベル賞の常連国だが、ジャーナリズムの方はどうかといえば、ビューリッツァー賞は、1960年代に写真部門で3人が受賞しただけだ。危険な仕事は、フリーランスの人に任せて、世界の紛争地帯にも近寄らない。テレビでは自ら現場で取材もしない不勉強なキャスターが、世間におもねるような事ばかりを口にする。コメンテーターが見当外れな発言をする。アナウンサーやナレーターのおかしな日本語、テレビ画面のテロップの誤字、脱字も目につく。

日本のマスコミの在り方については、さすがに疑問を抱く人たちも多いらしく、ネット上では「マスゴミ」と嘲笑している人もいる。このままでは日本のマスメディアに明るい未来はない。

原発安全神話に通ずるもの

最近の例でいえば、原子力安全神話がある。

「原子力は安全でクリーンなエネルギー」であり、「日本では原発事故は絶対に起こらない」という「神話」はもろくも崩れた。福島県を中心に、何の罪もない数十万の人たちが故郷を追われ、慣れない生活を余儀なくされた。一歩間違えれば、東日本が壊滅しかねないような大事故であった。

日本の電気料金は高いことで知られるが、これを原資とした多額の予算で「有識者」とされる人物を味方につけ、原発に反対する敵は叩き、国民を洗脳するようなことが続けられてきた。

原発の安全性をアピールし続けたが、冷静に考えれば、ソ連ではチェルノブイリ、アメリカではスリーマイルと深刻な事故が発生していた上、日本はプレートが4枚ぶつかる「地震の巣」とまで言われる、世界有数の地震国なのだ。しかも原発は最新鋭のものばかりでなく、老朽化した、ごく初期にアメリカで設計されたタイプの原発を稼働させていたのだ。「絶対に安全だ」と言い切れるはずがない。リスクがあることを前提に、何重もの万全の対策を講じておく。それが科学的な姿勢だったはずだ。未曾有の東日本災害に遭遇しても、何もできない原子力安全委員会のテイタラクを我々は見た。

科学技術の詐話師は、なにもｉＰＳ細胞の分野にだけいるのではない。実力のない原子力安全委員会の面々、台本やカンニングペーパーがなければ適切な発言もできず、持ち前の傲慢さを丸出しにするＮＨＫのタレントＧ。「有識者」と称する各種審議会のお粗末さなど、枚挙に暇がない。

東京電力や経済産業省の責任は言うまでもないことながら、マスコミの責任は重大だ。報道する側に、科学に関する基礎的な知識、知見がほとんどないのではないか。

これまでさんざん旗を振ってきたのに、風向きが変わったとみるや、マスコミは態度を豹変させる。庶民の味方のように原発に懸念を表明してみせる。「原子カムラ」を批判してみせる。しかも、あまりに情緒的で、理論的でもなければ、科学的でもない。総合的に考えて、それでも原発が絶対に必要だと確信するなら、科学的知見を踏まえて堂々と論陣を張ればよい。そういうこともなく、大衆に迎合しながら、流れに身を任せているだけで、客観的に原発の是非を検証する姿勢には見えない。ここにも科学的な姿勢が欠如している。誤りがあれば、それを正すのが役割である社会の木鐸たるべきマスメディアが、批判能力が欠如した上、相手に取り込まれて片棒を担いでいる。

相次ぐ失敗

宮川がこの世を去った後、1990年代後半から2000年代初めにかけて、日本のロケット打ち上げで、いくつもの失敗が重なった。

H—Ⅱロケットは1998年（平成10年）2月、1999年（平成11年）11月と連続して打ち上げに失敗し、190億円の機体と貴重な衛星が一瞬のうちに海底の藻屑と化した。5号機と8号機が連続で打ち上げに失敗し、7号機は、飛翔を中止している。

不測の事態にこそ、真の実力が問われる。我が物顔に君臨していた実力のないイカサマ師は、ただおろおろするばかり。

人間には厳しかったけれど、機械にはやさしかった主を失い、エンターテイナーによって汚染されたロケットたちはまるで飛ぶ元気を失い、拗ねているように、私には見えた。

H—Ⅱロケットの失敗が続いたのを見て、私はかつて宮川と学友が交わした会話を思い出した。宮川の成城学園時代の同輩には医学へ進んだ人たちが多い。そのような友人とのやり取りであった。

宮川が「医者なんていい気なもんだ。患者の悪いところを切り取って塞いでおけば、あとは人間の持つ治癒力で放っておいてもそのうち治っていくけれど、ロケットはそうはいかない。何百何千というパイプやケーブル、部品などを一つの間違いもなく、1本のミスもなく、しかも完全に正確に接続・熔接をしなければロケットは飛ばないんだ。君たちはいい気なもんだよ」と言うと、

医者の友人もさるもの、「すみません！　それで生活させていただいています」

気心の通じる仲間だからこそ、宮川はロケット開発の苦労を口にしたのであろう。ロケット開発はエンターテインメントではないのである。

H—Ⅱの実績

1号機
1994年2月4日　**成功**　H—Ⅱロケット性能確認用ペイロード「みょうじょう」、軌道再突入実験機「りゅうせい」。

2号機
1994年8月28日　**成功**　（ただし、アポジエンジンの不調で結果として超楕円軌道にし

か入らなかった）技術試験衛星Ⅵ型「きく6号」

3号機
1995年3月18日　**成功**　静止気象衛星5号「ひまわり5号」、宇宙実験・観測フリーフライヤ

4号機
1996年8月17日　**成功**　アマチュア衛星3号「ふじ3号」（JAS—2）

6号機
1997年11月28日　**成功**　技術試験衛星Ⅶ型「きく7号」、熱帯降雨観測衛星

5号機
1998年2月21日　**失敗**　通信放送技術衛星「かけはし」（COMETS）打ち上げ失敗。第2段の打上げ後、1410秒目に2回目の点火が開始し、1598秒まで予定された燃焼が1457秒で終わり、静止ト

ランスファー軌道への投入に失敗。第2段のLE―5Aエンジンの燃焼ガスが漏れ、エンジンコントロールボックスの配線が切断され、主弁が閉まったことが原因と考えられた。

8号機
1999年11月15日　**失敗**
運輸多目的衛星の打上げ失敗。1段目に搭載されたLE―7エンジンが何らかの理由で停止、所定の軌道に衛星を投入できなかった。

7号機
中止
2001年に打ち上げる予定だったが、8号機の失敗を受けて製作中止となる。

宇宙航空研究開発機構（JAXA）への一本化
相次ぐ打ち上げの失敗もあり、開発にあたる組織の見直しが議論され、2003年（平成15

年）10月1日に宇宙開発事業団（ＮＡＳＤＡ）、航空宇宙技術研究所（ＮＡＬ）、宇宙科学研究所（ＩＳＡＳ）、が統合し、宇宙飛行士の研究部門が強化され、宇宙航空研究開発機構（ＪＡＸＡ）ができた。内閣府と総務省、文部科学省、経済産業省が共同所管する独立行政法人である。ここに日本に宇宙航空分野の基礎研究から開発・利用まで一貫して行なう機関が誕生したのである。

ロケット開発は再び軌道に乗り、統合後初の打ち上げには失敗したものの、２０１２年5月までに打ち上げた21機中20機が成功している。

日本のロケット技術の信頼性は国際的にも向上し、２０１２年（平成24年）のＨ―ⅡＡロケットの21号機は初の商業受注として、韓国の「アリラン3号」を打ち上げている。

国際的には宇宙開発における協力が進んでいる。かつて宇宙開発で覇権を争ったアメリカとロシアの宇宙船が宇宙空間でドッキングし、協力して国際宇宙ステーションの建設にあたるなど、宇宙開発や惑星探索の国際協力が大きく進展している。

今や日本の宇宙飛行士は、これらの国際的なプロジェクトで重要なミッションを担っている。国際宇宙ステーション（ＩＳＳ）の実験棟「きぼう」の運用も開始した。２００９年（平成21年）にはＨ―ⅡＢで宇宙ステーション補給機（ＨＴＶ）による、国際宇宙ステーションへの物資の補給も見事に成功させている。

世界に誇る飛翔成功率

これまで述べてきたように、研究機関が統合されるまで、日本には二つの機関が並行していた。

航空宇宙技術研究所（NAL）は、1955年（昭和30年）以来、液体燃料ロケットLS―Aロケット4機、LS―Cロケット8機、N―Iロケット7機、N―IIロケット8機、H―Iロケット9機、H―IIロケット5機まで、41機中39機の打ち上げに成功している。固体燃料ロケットNALやJCRに至っては、すべてが成功している。まるで成功するのが当たり前のように。これは、世界的に見ても類を見ない成功率である。

一方、生産技術研究所に始まる東大の宇宙航空研究所は、他大学と研究を共有するため、1981年（昭和56年）に、宇宙科学研究所（ISAS）と改組された。宇宙の観測を目的とする機関だが、1989年（平成元年）の宇宙開発政策大綱の見直しにより、大型ロケットの開発が認められ、固体燃料ロケットで惑星探査ができるロケットの開発を開始した。糸川退官後、基本設計を担当したのが玉木章夫だ。玉木は、第2段ロケットに推力方向制御用のTVC装置を搭載したロケットを3段式に改め、以降、東大のロケットは3段式となった。無誘導で、「そよ風ロケット」と揶揄された東大のロケットを、きちんと誘導制御できるようにしたのも玉木の功績だ。実績を積み重ね、ソ連、アメリカに次ぐ3番手としてハレー彗星を観測するための惑星探査機の打ち上げにも成功している。

糸川等の技術は、JATOなど既存のものと、アメリカのミサイルメーカー・Aジェット社などの開発技術を入手したものだった。糸川は1956年（昭和31年）に設立された日本ロケット協会の初代の代表幹事となっている。この協会はシンポジウムを開き、出版まで手を広げながら、糸川と五代の功績を宣伝することにいそしんだ。糸川と特別に親密な関係にあったらしいNHKのタレントGやライターの言動、記述、発行物、制作物を見ると、彼らの自己擁護ぶりがよく分かる。彼等の資料からは航空技術研究所や後の航空宇宙技術研究所（NAL）の1955年（昭和30年）から1975年（昭和50年）に至る20年間の研究開発が見事なまでに消されているのだ。アメリカからの技術導入を正当化するため、それ以前の技術水準を隠蔽したいという政治的な力学が働くのだろうか、それとも、これまで糸川を「ロケットの祖」とか「ロケットの父」としてきた人々が、彼等の「ペンシルロケットを祖とする我が国の宇宙開発の物語」の瓦解を恐れているのだろうか。

彼等の大げさな宣伝に比べて、航空宇宙技術研究所（NAL）の業績はあまりにも世の中に知られていない。

真摯な姿勢

新大陸を開拓してきたという歴史のためか、アメリカという国家にはヒーロー好きの人が多いようだ。スター性のある人物を称賛し、全面的に従い、一致団結する国民性のように見える。科学技術の世界でも、古くはトーマス・エジソン、現代ならビル・ゲイツといったスーパーヒーローがすべてを支配し、リーダーシップを発揮して、みんなを引っ張っていく。というスタイルが好まれる。だから、アイデアを提示し、製造の方は人件費の安い国に発注する、トップマネジメントが巨万の富を独占するという、ビジネスモデルが成立するのだろう。

しかし、日本はそういう国なのか。

名もしれない数多くの研究者が、名誉を欲するでもなく、多額の金銭を求めるでもなく、ただひたすら、自らの仕事に心血を注ぐ。このような数えきれない人々の無償の熱意の連なりが、日本という国の強さを造ってきたし、これからも造っていく。と、私は思う。

科学的な真実、自らの職責、そういったことに個々人が真摯に向き合い、その力が結集することで超大国に対抗し、ときには凌駕する結果を得てきたのが、日本という国であるはずだ。

ただし、そういう地道な技術者たちの自己抑制に甘えて、技術者たちを粗略に扱ってもよいということではない。近年、青色ダイオードなどをめぐり、発明の対価をめぐる議論があった。日本の産業の生命線ともいえる技術者には、思う存分に力を発揮してもらうべきであり、そのためには実力を正当に評価し、やりがいのある環境を用意することが必要だ。

科学技術は、パクリでも詐称でも子供だましのパフォーマンスでもない。スターになろうとするのではなく、名誉欲も出世欲もなく、ただひたすらに自らの職務に打ち込む。日本が技術立国を謳うのであれば、このような技術者を大切にして、その力を存分に発揮してもらえる環境づくり、国づくりを進めるべきである。さもなければ、いよいよ世界が混沌として競争が激化する中、少子化の進むこの国に輝かしい未来が訪れることはないだろう。

あとがき

幸せな科学者

宇宙開発は「地球を支配できる」という点で、それぞれの国の国威と深く関わるという宿命を持っている。であるからこそ、その開発研究は地味で、慎重で、寡黙でなければならない。しかし真実を知る者が黙して語らないことをよいことに、歴史を塗り替えてよいわけがない。1955年（昭和30年）、昭和天皇行幸のもと発足した、我が国の宇宙開発事業は、真の姿を取り戻さなければならない。そう決意して、私は本書をしたためた。

1955年（昭和30年）より国策として、総理府所轄の航空技術研究所（NAL）を皮切りに、亡夫、宮川行雄等の手がけたロケットエンジン、MBやLEを搭載したLS—AロケットからH—IIロケットまでの、幾多の成功は世界に誇れる記録である。この陰には、人知れずロケットエンジンの燃焼実験に打ち込んだ航空宇宙技術研究所（NAL）角田支所の人々の奮闘があったことを、忘れてはならない。彼等は日本の誇るべきロケット技術者たちである。

1955年（昭和30年）国策として開始された近代ロケット開発は、人工衛星100キログラムのQ計画から、今や5トンの衛星を打ち上げる能力へと発展を遂げ、世界中から信頼され続けている。

科学技術庁の航空宇宙技術研究所（NAL）が進めたLS―A、LS―B、LS―C、N―I、N―II、H―I、H―IIなどの液体燃料近代ロケット、NAL、JCRという固体燃料ロケットを引き継ぐロケットの研究開発は現在、三菱重工業が担い、H―IIA、H―IIBと発展を続けている。今も多くの優秀な技術者たちが、先人の意志を受け継ぎ、日本の国土や地域、私たちの生活をより安全に、より豊かにするべく、自らの使命に向き合っている。

科学技術に限らず、農業でも、商業でも、はたまた社会の仕組みにおいても、滔々と流れる真実の営みがある。それは表面的で幼稚な売名パフォーマンスや詐称で語れるものではない。わが国の宇宙開発は「一人の偉人より100人の凡人」（糸川語録）ではなく、民間、アマチュアを含め「多くの非凡な人々」によって担われているのである。

ロケットエンジンの研究開発に生涯をささげた私の夫は、まことに幸せな男であった。争いを好まず、無欲な人であった。名誉欲や売名欲など、まるで持ち合わせていなかった。ただ淡々と自己の魂のおもむくままに、自分の好きな機械と向き合っていることに無上の喜びを感ずる“いい男”であった。科学技術の世界にも異常な功名心、病的な功績欲を持つ人たちがいたが、彼等を尻目に、ただひたすら自己の研究に没頭できる、もって生まれた鷹揚さを供えていた。自分たちの創作した“ロケット物語”で、食べていこうとする輩には到底理解できない崇高な魂の持ち主であった。

本書の執筆に当たり、私は種子島の宇宙センターを訪れた。薄暗いが、何か荘厳な雰囲気の展示室の中に、ライトを浴びていたのがロケットエンジンの数々だった。

「あぁ、これだ！　これだったんだ！」

私は、小さく叫んでしまった。

展示されているエンジンの複雑なパイプやケーブルを眺めているうち、頭に浮かんだのは、生前、夫が夢中になって書いていたメモ用紙の図形であった。

夫は時々、夜中にガバッと起きだして、書斎に入り、ソファに座って何やら紙にパズルのような、図形のようなものを書いていては、それを見つめて考え込んでいた。

ソファに深々と腰かけ、脚を組み、右手に鉛筆、左手に長い灰をつけたままの煙草を持ち、丸テーブルにメモ用紙を置き、じっと考え込んでいる姿は、声をかけられないような、近寄りがたい、厳粛な雰囲気が漂っていた。メモ用紙をのぞき見ると、線や四角、三角、小さな丸などがびっしりと描かれていた。素人の私には何とも訳のわからない、パズルのような奇妙な図であった。

あぁ、あのとき、夫はここにあるパイプやケーブルについて、考えていたのだ！

実物のロケットエンジンを目にして、久方ぶりにあのときの夫の風情を思い出した。薄暗い、しかし荘厳な感じのする展示室に置かれた数々のロケットエンジンの前に、夫が静かに微笑みながら佇んでいるような錯覚にとらわれ、私は去り難く、いつまでもそこに留まっていたい思いにかられていた。

フォン・ブラウンに勝るとも劣らぬ“いい男”宮川行雄に、これまた勇気ある偉大な妻が、渾身の、この一冊を捧げます。

２０１３年（平成25年）５月

若かりし日の宮川行雄

参考文献

宮川行雄の科学技術庁　功績調書（抜粋）

「戦後の航空禁止令の期間に世界の航空はジェット時代を迎えており、世界の趨勢に追いつくために、我が国も早急にジェットエンジンの研究開発を開始すべき機運にあった。しかしながら、ジェットエンジンの試作研究に先行して、超音速回転機器の潤滑法が確立していなければならない。氏は、超音速ころがり軸受試験機を自ら設計し試作を行なうとともに、これを用いてdn値300万（dは軸受内径、nは回転数であり、dn値は回転速度の指標である）までのころがり軸受性能試験に世界で初めて成功するとともに、高速回転に適した軸受の設計改良を行い、潤滑技術を確立した。本研究は、昭和五十一年四月日本機械学会論文賞を受賞した。

国産ジェットエンジンの研究開発は、まず昭和三十六年度より「V／STOL（垂直／短距離着陸飛行機）用エンジンの研究」として始まったが、これに先行して高速ころがり軸受の特性を基本的に把握すべく、高速高荷重ころがり軸受試験機を整備するとともに、昭和三十七年度より垂直離着陸飛行機用ジェットリフトエンジンの研究に着手した。リフトエンジンはその性格上、極度に軽量化することが要求される。（中略）これらエンジンを成功に導く多大の寄与を行った。（中略）

昭和四十一年四月にはロケット部ロケット潤滑研究室長に配置換になるとともに、原動機部機構研究室併任となり、前記超高速ころがり軸受の性能試験を引き続き進めるとともに、新たに人工衛星およびロケットの潤滑研究に着手した。

昭和四十四年十月ロケット部が宇宙研究グループに改組されるとともに、第九研究グループリーダーとなり、以降、昭和五十六年、同所を退職するまで、研究員の指導育成にあたるとともに、企業との共同研究、大学、企業からの研修生の指導等を通じて、超高速ころがり軸受の性能試験、軸受寿命試験、イオンプレーティング法、スパッタリング砲、固体潤滑薄膜の潤滑特性など幅広い分野のトライボロジー研究開発を手がけているが、なかでも次に述べる研究成果が重要である。

（一）ロケットエンジンに用いられる液体酸素液体水素ターボポンプ支持軸受の潤滑法の研究では、極低温高速ころがり軸受試験機を自ら設計試作し、固体潤滑材を用いた軸受を極低温液体（液体酸素、液体水素）中で高速運転してその性能を調べ、潤滑技術を確立した。

（二）液体酸素液体水素ターボポンプシールの研究では、極低温シール試験機の設計試作を行いこれを用いて接触摺動しながら液体酸素液体水素の漏れを最小にするシーリング技術を確立した。（二）の成果とこの成果を基盤技術として、H―Iロケットの主力エンジンであり、H―IIロケットの二段目エンジンであるLE―5エンジンの実現が可能となった。

（三）人工衛星搭載機器のころがり軸受潤滑技術に関しては、イオンプレーティング法、スパッタリング法、化学反応法による各種固体潤滑膜生成試験および高分子複合材保持器と組み合わせた軸受試験により、長寿命、低摩擦のころがり軸受潤滑技術を確立した。これらの研究に対し、昭和五十五年五月日本潤滑学会論文賞、昭和五十八年再び日本潤滑学会論文賞を受賞した。これらの成果は昭和昭和五十七年四月宇宙開発事業団より打ち上げられた技術試験衛星IV型のアースセンサーに用いられて成功し、さらに平成四年二月打ち上げられた地球資源衛星I型の太陽電池パドル駆動機構支持軸受けに用いられて正常な運転を可能にしている。

氏は、昭和五十六年四月航技研（NAL）を退職し、法政大学工学部教授に就任したが、その後も活発に研究を行った。その主たるものは保持器用複合材の潤滑機構の解明およびころがり／すべり摩擦試験による固体潤滑膜の潤滑特性試験、ステンレス鋼の摩擦摩耗特性におよぼすイオン注入の影響である。とりわけ注目すべきものはころがり／すべり摩擦試験である。これは従来固体潤滑膜評価に用いられてきたすべり摩擦試験のみでは、評価として不十分であることを初めて明らかにしたもので、今後の展開が期待された。」

宮川行雄の論文・著作（カッコ内は共著者）

「潤滑」第1巻第3号「摩擦係数と速度の関係」昭和31年3月
「東京大学理工学研究所報告」第10巻第11号「高圧軸受試験機の試作」昭和31年11月（曽田・宮原）
「日本機械学会論文集」第29巻第199号「境界摩擦と速度」昭和38年3月
「日本機械学会論文集」第29巻第199号「境界摩擦と表面あらさ」昭和38年3月
「日本機械学会論文集」第29巻第199号「単分子層および多分子層の摩耗」昭和38年3月

Bulletin of JSME, Vol.6, No.24
Influence of Sliding Speed on Boundary Lubrication　１９６３年

Bulletin of JSME, Vol.6, NO.24
Wear of Mono-and Multi- molecular Layers　１９６３年

Lubrication Engineering, Vol.22
Influence of Surface Roughness on Boundary Friction　１９６３年3月

「潤滑」第15巻第7号「高温固体潤滑剤としての一酸化鉛に関する研究（1）高温における摩擦、摩耗特性」昭和45年7月（西村・安部）

「潤滑」第15巻第8号「高温固体潤滑剤としての一酸化鉛に関する研究（2）ＰｂＯのコーティング法とコーティング膜の摩擦、摩耗特性」昭和45年8月（西村・安部）

「潤滑」第15巻第10号「高温固体潤滑剤としての一酸化鉛に関する研究（３）雰囲

気の影響」昭和45年10月（西村・安部）
「航技研（ＮＡＬ）報告」ＴＲ―２８４「高ｄｎ値における玉軸受の性能に関する研究」昭和47年5月（関・横山）
「航技研（ＮＡＬ）報告」ＴＲ―２８５「高温固体潤滑剤としての一酸化鉛（ＰｂＯ）に関する基礎的研究」昭和47年5月（西村・安部）
「航技研（ＮＡＬ）資料」ＴＭ―２２９「液体酸素中におけるころがり軸受の性能」昭和47年7月（関）
「潤滑」第17巻第10号「高ｄｎ値における玉軸受の性能に関する研究　第一報　深みぞ玉軸受（＃６２０６）の温度特性」昭和47年10月（関・横山）
「潤滑」第17巻第10号「高ｄｎ値における玉軸受の性能に関する研究　第二報　深みぞ玉軸受（＃６２０６）の摩擦特性と限界ｄｎ値」昭和47年10月（関・横山）

「潤滑」第17巻第10号「高dn値における玉軸受の性能に関する研究　第三報　深みぞ玉軸受（＃6206）における保持器案内方式の影響」昭和47年10月（関・横山）

「潤滑」第17巻第12号「高dn値における玉軸受の性能に関する研究　第四報　アンギュラ玉軸受（＃17206）の性能」（関・横山）

「潤滑」第17巻第12号「高dn値における玉軸受の性能に関する研究　第五報　アンギュラ玉軸受（＃30BNT）の性能」（関・横山）

「潤滑」第18巻第1号「液体酸素中におけるころがり軸受の性能　第一報　玉軸受の性能」昭和48年1月（関）

「潤滑」第18巻第1号「液体酸素中におけるころり軸受の性能　第二報　円筒ころ軸受の性能におよぼすラジアルすきまの影響」昭和48年1月（関）

「潤滑」第18巻第1号「液体酸素中におけるころがり軸受の性能　第三報　円筒ころ軸受の性能におよぼすころの軸方向すきまの影響」昭和48年1月（関）

「潤滑」第18巻第4号「摩耗に及ぼす湿度とピン支持部剛性の影響」昭和48年4月（関・西村）

「潤滑」第20巻第8号「高圧すべり軸受の摩擦特性　第一報　実験と理論解析」昭和50年8月（曽田）

「潤滑」第20巻第8号「高圧すべり軸受の摩擦特性　第二報　すべり軸受の到達しうる最小摩擦係数」昭和50年8月（曽田）

Proceedings of JSLE - ASLE International Lubrication Conference
Friction and Wear Performance of Gold and Silver Films　1976年6月（西村・野坂）

「航技研（ＮＡＬ）報告」ＴＲ―５０５「イオンプレーティング金、銀膜の摩擦、摩耗特性に関する研」昭和52年7月（西村・野坂・宮脇）

「航技研（ＮＡＬ）報告」ＴＲ―５１４「オイルミスト、ジェット潤滑玉軸受の高ｄｎ値における性能」昭和52年10月（関・野溝）

「航技研（ＮＡＬ）資料」ＴＭ―３３６「一酸化鉛で潤滑した玉軸受の６５０℃における性能」昭和52年10月（関）

「航技研（ＮＡＬ）報告」ＴＲ―５６８「化学反応による二硫化モリブデン膜の潤滑特性に関する研究」昭和54年4月（西村・野坂・坂本）

「潤滑」第22巻第12号「イオンプレーティング金、銀膜の摩擦、摩耗特性に関する研究第一報　イオンプレーティングのつきまわりに及ぼす諸因子の影響」昭和52年12月（西村・野坂・宮脇）

「潤滑」第23巻第1号「イオンプレーティング金、銀膜の摩擦、摩耗特性に関する研究　第二報　特性に及ぼすイオンボンバード時間の影響」昭和53年1月（西村・野坂・宮脇）
「潤滑」第23巻第1号「イオンプレーティング金、銀膜の摩擦、摩耗特性に関する研究　第三報　イオンプレーティング金膜と真空蒸着およびスパッタリング金膜との比較」昭和53年1月（西村・野坂・宮脇）
「潤滑」第23巻第2号「イオンプレーティング金、銀膜の摩擦、摩耗特性に関する研究　第四報　イオンプレーティング金、銀膜のすべり摩擦特性」昭和53年2月（西村・野坂・宮脇）
「潤滑」第23巻第2号「イオンプレーティング金、銀膜の摩擦、摩耗特性に関する研究　第五報　イオンプレーティング金、銀漠の潤滑機構」昭和53年2月（西村・野坂・宮脇）

「潤滑」第23巻第2号「イオンプレーティング金、銀膜の摩擦、摩耗特性に関する研究　第六報　イオンプレーティング金、銀膜によるころがり軸受の潤滑」昭和53年2月（西村・野坂・宮脇）

「潤滑」第23巻第4号「高温固体潤滑剤としての一酸化鉛に関する研究（4）一酸化鉛で潤滑した玉軸受の６５０℃における性能」昭和53年4月（関）

「潤滑」第23巻第6号「オイルミスト、ジェット潤滑玉軸受の高ｄｎ値における性能」昭和53年6月（関）

ASLE Proceedings, 2nd International Conference on solid Lubrication The Friction and Wear of Sputtered Mo2 Films in Sliding contact　１９７8年8月（西村・野坂・鈴木）

「潤滑」第24巻第11号「化学反応による二硫化モリブデン膜の潤滑　第一報　被膜生成の最適条件」昭和54年11月（西村・野坂・坂本）

「潤滑」第24巻第11号「化学反応による二硫化モリブデン膜の潤滑　第二報　被膜の潤滑特性に及ぼす雰囲気の影響」昭和54年11月（西村・野坂・坂本）

「潤滑」第24巻第12号「化学反応による二硫化モリブデン膜の潤滑　第三報　被膜の分析」昭和54年12月（西村・野坂・坂本）

『潤滑ハンドブック』日本潤滑学会編　昭和55年3月　宮川ほか１０９名（分担執筆）

Journal of JSLE International Edition, No.1
The Lubrication Characteristics of Molybdenum Disulfide Films made by Chemical Process Part1 Optimum Conversion Conditions for Obtaining Mo2 Films　１９８０年11月（西村・野坂・坂本）

Journal of JSLE International Edition, No.1
The Lubrication Characteristics of Molybdenum Disulfide Films made by Chemical Process Part2 Effect of Surrounding Atmosphere on the Lubrication

Characteristics of a Film　１９８０年11月（西村・野坂・坂本）

Journal of JSLE International Edition, No.1

The Lubrication Characteristics of Molybdenum Disulfide Films made by Chemical Process Part3 Physical Analysis of a Film　１９８０年11月（西村・野坂・坂本）

「航技研（ＮＡＬ）報告」ＴＲ―６５３「液水ターボポンプ用メカニカルシールの試作研究」昭和56年2月（野坂・鈴木・上條・菊池・森）

『固体潤滑ハンドブック』幸書房　昭和57年3月　宮川ほか１０９名（分担執筆）

『宇宙開発の設計技術』大河出版　昭和57年11月　宮川ほか１０９名（分担執筆）

「航技研（ＮＡＬ）報告」ＴＲ―７５０「液水水素用高速、接触式メカニカルシールの密封特性に関する研究」昭和58年1月（野坂・上條・鈴木・菊池）

『薄膜ハンドブック』日本学術振興会薄膜第131委員会編　宮川ほか166名（分担執筆）

「潤滑」第29巻第1号「液体水素用高速・接触式メカニカルシールの密封特性に関する研究　第一報　液体水素ターポポンプ用メカニカルシールの開発」昭和59年1月（野坂・上條・鈴木・菊池）

「潤滑」第29巻第1号「液体水素用高速・接触式メカニカルシールの密封特性に関する研究　第二報　起動トルクと静的密封特性」昭和59年1月（野坂・上條・鈴木・菊池）

「潤滑」第29巻第2号「液体水素用高速・接触式メカニカルシールの密封特性に関する研究　第三報　摩擦損失動力と動的密封特性」昭和59年2月（野坂・上條・鈴木・菊池）

「潤滑」第29巻第2号「液体水素用高速・接触式メカニカルシールの密封特性に関す

る研究　第四報　しゅう動密封面のなじみ特性と摩耗」昭和59年2月（野坂・上條・鈴木・菊池）

「潤滑」第29巻第3号「液体水素用高速・接触式メカニカルシールの密封特性に関する研究　第五報　サーマルクラックの形成と摩耗」昭和59年3月（野坂・上條・鈴木・菊池）

ASLE Proceedings, 3rd International Conference on Solid Lubrication
A SEM Built - in Friction Tester and Its Application to Observing the Wear Process of Solid Lubricant Films　１９８４年8月（西村・古川・引間・前川・渡辺）

「潤滑」第30巻第9号「高周波スパッタリング法による二硫化モリブデン膜の潤滑特性に関する研究　第一報　通常方式および両面方式による被膜の潤滑特性の比較」昭和60年9月（西村・野坂・鈴木）

「潤滑」第30巻第11号「高周波スパッタリング法による二硫化モリブデン膜の潤滑

特性に関する研究　第二報　被膜の観察と分析」昭和60年11月（西村）
「潤滑」第31巻第10号「高周波スパッタリング法による二硫化モリブデン膜の潤滑特性に関する研究　第三報　被膜の接触電気抵抗特性および諸条件下における潤滑特性」昭和61年10月（西村・鈴木）
「潤滑」第31巻第11号「高周波スパッタリング法による二硫化モリブデン膜の潤滑特性に関する研究　第四報　ころがり軸受の潤滑」昭和61年11月（西村・関）
「潤滑」第31巻第12号「イオンプレーティング鉛膜によるころがり軸受の潤滑　第一報　スラスト荷重２０Nにおける軸受性能」昭和61年12月（西村・関）
「潤滑」第31巻第12号「イオンプレーティング鉛膜によるころがり軸受の潤滑　第二報　スラスト荷重２００Nにおける軸受性能」昭和61年12月（西村・関）
『改訂版　潤滑ハンドブック』日本潤滑学会編　昭和62年9月　宮川ほか１６０名

（分担執筆）

「航技研（ＮＡＬ）報告」ＴＲ―１０１９「自己潤滑性複合材保持器を用いた固体潤滑ころがり軸受の潤滑特性に関する研究　第一報　アースセンサ用軸受の選択試験」平成元年４月（西村・関）

「トライボロジスト（潤滑改題）」第35巻第４号「ＰＴＦＥ複合材料とＭＯＳ２被膜の組合せ潤滑効果　第一報　ＰＴＦＥへのＭｏ添加の効果」平成２年４月

「トライボロジスト」第35巻第４号「ＰＴＦＥ複合材料とＭＯＳ２被膜の組合せ潤滑効果第二報　ＰＴＦＥへのＭＯＳ２、Ａｇ、黒鉛、Ｗ添加の効果」平成２年４月

「トライボロジスト」第35巻第12号「固体潤滑剤のころがり―すべり接触下における摩擦、摩耗特性　第一報　ころがり―すべり接触下における鋼の乾燥、摩擦、摩耗特性」平成２年12月

「トライボロジスト」第35巻第5号「ＰＴＦＥ複合材料とＭＯＳ２被膜の組合せ潤滑効果第三報　ＰＴＦＥの真空、窒素、空気中の摩擦・摩耗特性」平成４年5月（清水）

「トライボロジスト」第35巻第5号「ＰＴＦＥ複合材料とＭＯＳ２被膜の組合せ潤滑効果　第四報　Ｍｏ、ＭＯＳ２、Ａｇ、黒鉛を添加したＰＴＦＥの真空、窒素、空気中の摩擦・摩耗特性」平成４年5月（清水）

「トライボロジスト」第35巻第5号「イオン注入によるステンレス綱のトライボロジー的表面改質」平成４年5月（鹿島）

18th International Symposium on Space Technology and Science Lubrication Characteristics of Rolling Bearings Lubricated by Self-Lubricating Composite Retainers Part1 Selection of Retainers for Earth Sensors　１９９２年5月（西村・関）

いつまでも　お美しく　お健やかに

続・日本のロケット　真実の軌跡

プロローグ

前著『日本のロケット真実の軌跡』は発売以来多大なご評価を頂いて、たちまち重版に至ったことは、この出版を思い切った甲斐があったと、まことにうれしく高邁な世間の良識あるご理解に深く感謝いたしております。

「是非続編を」とのご希望にお応え出来る自信は全くありません。何故ならば私はロケット工学の専門家ではないからであります。しかし、その開発を見守ってきた経緯は誰にも勝るとも劣らぬ経験を持っております。それは、決して具体的な踏込や干渉をしてきたのではありませんん。むしろ意識して無関心を装ったのであります。それは、私には到底及ぶことのできる範疇では無い「高度な難度の高い研究の世界」であることを充分にわきまえていたからに他なりません。

ロケット界の詐話師エンタテイナーらのパフォーマンスも、亡夫宮川にとっては取るに足らない…というか真剣に向き合う価値はない事象でありました。もっとも彼ら詐話師、殊にイカサマ師五代が大活躍を行ったのは、宮川の死後でありますが。宮川は、今でもフフーンと鼻先でせら笑って問題にしないことでしょう。『日本のロケット真実の軌跡』の出版さえ「くだらないことを！」と苦笑いしているのではないでしょうか。

というわけで、『日本のロケット真実の軌跡』は、ロケット工学の専門家にとっては甚だ物足りない内容であろうかと思われることは百も承知であります。私の持って生まれた正義感と義侠心が傘寿を迎えてむらむらと頭をもたげてきた結果なのでございます。

そこで、続編としてのご期待に到底お応え出来るものではないと存じますが、私というものの正体を明らかにすることぐらいは出来るのではないかと存じ、茲に続編とはいかない続編を披露する次第でございます。

先頃、中国が「無人探査機を月面に着陸させた」との報道に接しました。この時、即座に思ったことは、宮川は、この快挙を率直に喜び、同時にこの仕事を為し得なかったことをどんなにか悔やんでいることだろう……と云う事でした。彼の想いは、実に茲に在ったと思うのです。月面に観測等の基地を建設すれば、やがては宇宙のゴミと化す衛星等を打ち上げる必要は激減する……と思うのは、一人私だけの想いでしょうか。実に惜しい人を亡くしてしまった！と今更ながら思うのです。

国際的に「ロケット」といえば、液体燃料ロケットのことを指し、二十世紀初頭より人類が宇宙旅行を目指して、研究開発が行われてきました。ヒットラーによって、軍事的に使われてしまったのですが。

ペンシルロケット等の固体燃料ロケットは、十一世紀より戦器として発展してきたもので、現在では「ミサイル」と称されています。

現在、H—2ロケット技術は三菱重工に受け継がれ、NAL航空宇宙技術研究所のロケット技術開発は角田宇宙センターにシフトされ研究が続けられています。

現時点で、「液体燃料ロケット技術」は最も高度な技術とされているのです。

著者
宮川　輝子

いつまでもお美しくお健やかに

いつまでもお美しくお健やかに

昭和五十九年十月二十一日、私はＮＨＫの楽屋にいた。その日ＮＨＫホールで行われた「明るい社会づくり推進協議会（会長井深大氏）」の全国大会で、私は開会宣言を行った。総合司会は、ＮＨＫの高橋美紀子アナウンサーで、控室は二人で共同使用となった。

その日、皇太子殿下と同妃殿下美智子さま現天皇皇后両陛下が来賓としてご臨席頂いた。美智子妃は、その前日五十歳のお誕生日を迎えておられた。

滞りなく大会が終了し、両殿下のご退席となった。両殿下をお見送りすべく、私たちスタッフ一同は、楽屋に整列してそのお通りをお待ちしていた。軽く会釈をされながら舞台から楽屋へ進まれておられた美智子妃が、どうゆうわけか私のほうへ真直ぐお運びになるではないか。そして私の前でおみ足を止められると「今日はどうも有難うございました」と仰せられたのである。一瞬たじろいた私は気を取り直して「昨日は、五十歳のお誕生日おめでとうございました。私も同じ歳でございます」と申し上げた。「あら来年？」「いいえ昨年でございました」（理由もなく双方で笑い合う）。気を取り直し私は申し上げた。**「どうぞいつまでもお美しく、お健やかにとお祈り申し上げております」**心を込めて申し上げた。

「ありがとうございます」さわやかな微笑みを残されて皇太子さまと共に出口の方へと去って行かれた。

舞台の隅でこの様子を見ていた高橋美紀子アナが跳んできた。「今どんなお話をされたの!?」「ああ、どんなお話だったかしら」一瞬私は思い出せなかった。

昭和の初めに生まれた私は、その後五十年間、いろいろと目まぐるしい人生を通り抜けてきた。同じ時代を過ごされた両殿下。……さまざまな思いがある。

『次の世を　背負うべき身ぞ　たくましく正しく伸びよ　里に帰りて』（香淳皇后）

この写真は、戦時中から東京小金井に疎開をしておられた皇太子殿下（現天皇陛下）の学習院と私が通学していた都立武蔵高等女学校等が小金井緑地の運動場で合同の運動会を行った時の一枚である。

皇太子さまはお側の方に「今日は、女学生の前で照れたよ」といわれたとか。後日の朝礼で「漏れ承け賜るところによると」と前置きがあって校長先生より報告がなされた。

昭和22年

「日本のロケット真実の軌跡」

我が国の液体燃料ロケット技術は、第二次世界大戦末期には、ドイツと共に世界の最高水準にあったのであったが、敗戦によって、その開発の撤退を余儀なくされたとは言え、又資材も施設も、人材も失ったとはいえ、その実力は、数少ない人々によって脈々と鼓動していた。戦勝国による種々な制約を、優秀な我が国の科学技術陣は、地団駄踏んで世界の動向を見詰めていたに違いない。

人類が宇宙旅行を夢見て考え出された液体燃料ロケットは、ヒットラーによって武器として初めて宇宙圏を飛んだのであったが、科学技術の宇宙への開発の夢は途絶えることなく彼らの脳裏に四六時中彷徨っていたに違いない。

戦後間もない昭和二十二年頃からそのエネルギーは、徐々に具体化していった。

彼らは行動を開始した。彼らは、その具体策を練り上げていく。

戦後、東京大学理工学研究所と名称を変えた旧東京帝国大学航空研究所の頭脳人による具体的行動は、昭和二十三年十二月十四日の公文書「閣甲四百七十号」によって結実された。

『閣甲第四七〇号起案　昭和二十三年十二月十四日

閣議決定　昭和二十三年十二月十三日

上奏　昭和二十三年十二月十五日
公布　昭和二十三年十二月二十日

内閣総理大臣（花押）内閣官房長官（署名）
内閣事務官（印）
国務大臣花押十三

別紙衆議院議長奏上の科学技術行政協議会法公布の件は
奏上のとおり公布を奏請することといたしたい。
科学技術行政協議会法をここに公布する。
　御名御璽
　昭和二十三年十二月二十日
内閣総理大臣
　法律第三百五十三号
　　　　　（奏上のとおり）
内閣総理大臣

各省大臣
（法務総裁を含む）』

かくして、昭和三十年、東京調布の地に建設なった航空技術研究所は、昭和天皇の行幸を仰いで、開所式が行われた。亡夫宮川行雄は、東京大学理工学研究所の文部教官から総理府技官として身分が変わり新築なった総理府所属の航空技術研究所へ勤務となった。

戦後中断されていた科学技術の見せ所である液体燃料ロケットの心臓部・エンジンの開発は、宮川にとって心躍る張り合いのある挑戦であった。

衛星の研究開発は国際的な政治制約が大きく昭和五十年ようやくNロケットNIPPONによって国産静止衛星「きく」が三万六千キロメートルの宇宙圏へ飛んだのであった。米国、ソ連に次ぐ世界三番目の快挙であった。

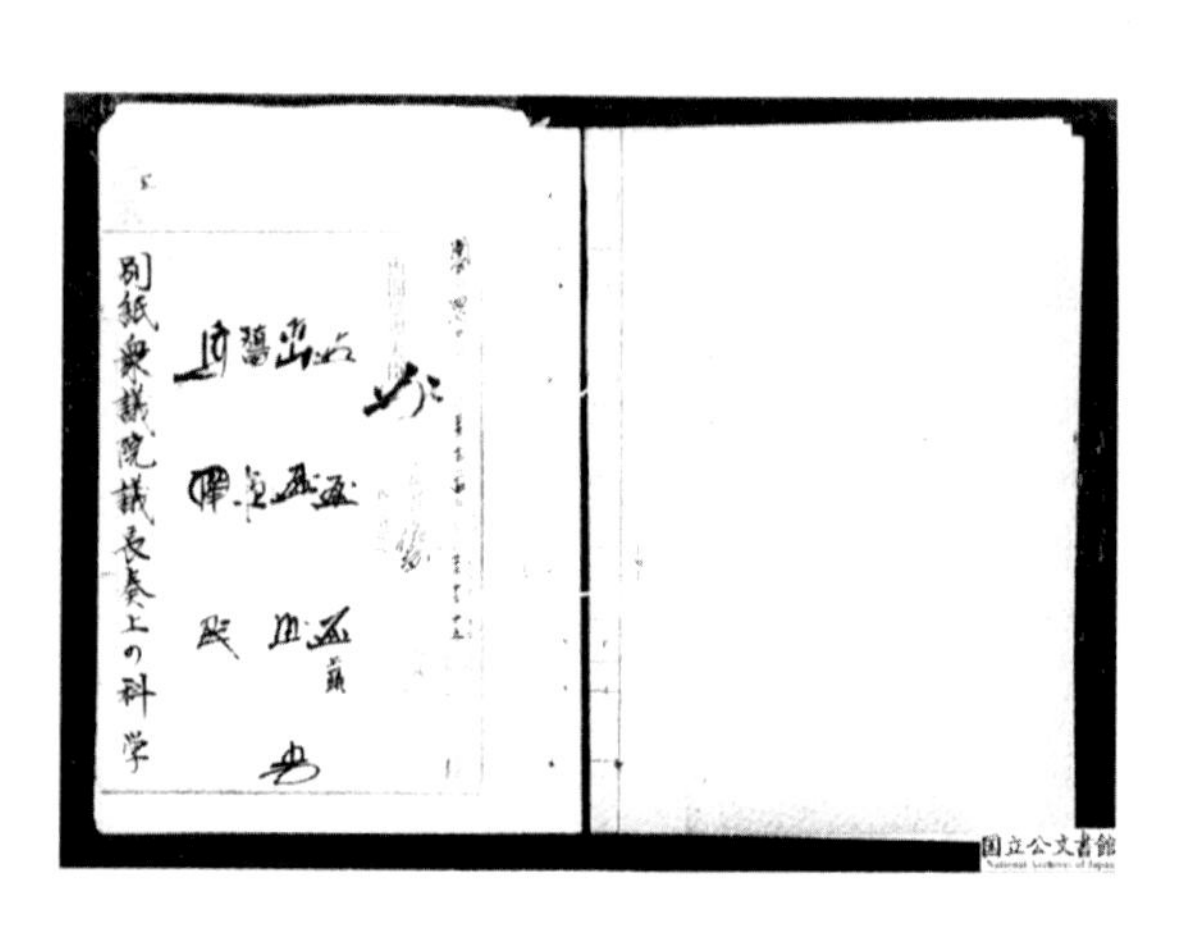
別紙衆議院議長奏上の科学

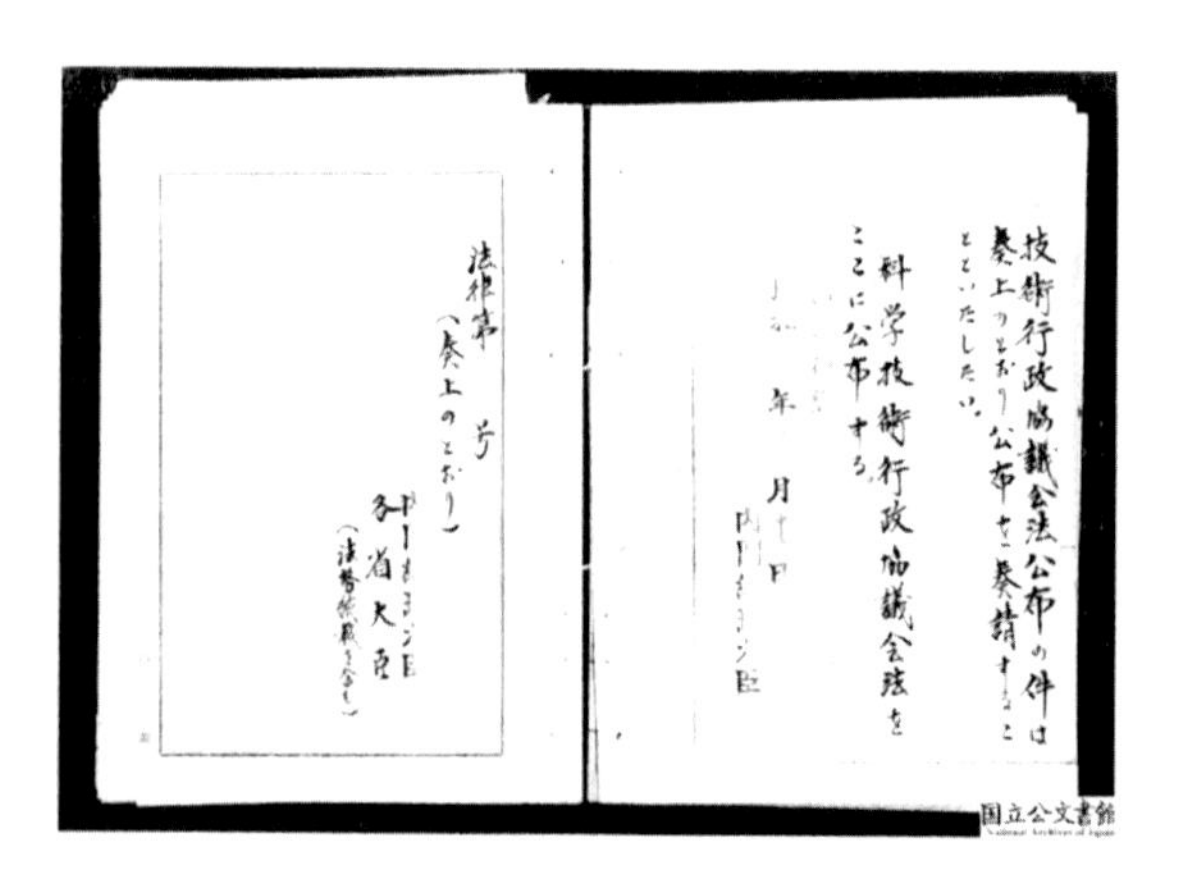
技術行政協議会法公布の件は
奏上のとおり公布を奏請すること
といたしたい。

科学技術行政協議会法を
ここに公布する。

年　月　日
内閣総理大臣

法律第　号
（奏上のとおり）
内閣総理大臣
各省大臣

反響『日本のロケット真実の軌跡』

『日本のロケット真実の軌跡』は発売以来大変な評価を頂き、たちまち重版となりました。皆様のご支援に深く感謝申し上げます。

茲に寄せられた論評、頂いたご感想の一部をご紹介いたします。

推奨『日本のロケット真実の軌跡』

先日、私の家内と一緒に友人である宮川輝子女史（環境公害研究所主宰）宅を訪れた折、女史より新著（表記）をご紹介いただいた。早速、帰宅後、気持ちが惹かれて一気に拝読、久々の感動と清涼感に浸ることができた。本書を貫くそれは、一に「もの作り」（ロケット開発）に命を捧げた亡夫・科学者宮川行雄氏の戦前戦後を生き抜いてきた男らしい生き様と国策貢献であり、二に「どうしてもこの本を書かねば……」という女史の信念と動機にある。ついでに付け加えれば、現象世界における、人の成功を喜ばない人間のやっかみや、毀誉褒貶、あるいは無知と偏見……の種々相であろうか。

女史は「はじめに」でこう書かれている。「私はこの本を出版するために生まれてきたのかもしれない。私だからやらなければならない。私にしかできない……」と。私がこの本に惹かれた理由も、このひとことで察しがつくであろう。

宮川行雄、大正十三年（一九二四年）二月、青森県弘前市生まれ。昭和十七年、当時「身震いするような秀才の集まり」といわれた東京帝国大学工学部機械工学科に入学。その猛勉強ぶりは学習履修表でうかがわれる。新聞で目にする「ロケット開発」というも、宮川氏をはじめとする人達による膨大な知識と研究研鑽の成果であることを知る。宮川氏もその隠れた逸材の一人であったが、一方で小惑星探査機「はやぶさ」がのちに「イトカワ」と命名されるようになった背景は「真実ならざる現象世界の一端」を物語るようで、皆様にも共有していただきたい。

宮川行雄氏が所属していた航空宇宙技術研究所の液体燃料ロケットと、バズーカ砲のレプリカ、ペンシルロケットを祖とする東大宇宙研の固体燃料ロケットとは、まったく別のものであるという。東大宇宙研のなかにも、マスコミ、その影響を受けている一般国民の多くも、その違いを認識していない。過去、大きな推力を持つ液体燃料ロケットの研究開発の本流を支えてきたのは行雄氏が所属してきた科学技術庁・航空宇宙技術研究所の科学者、技術者達であった。個体燃料ロケットの技術は既に戦前から、わが国においても高い技術を有していた。戦艦「大和」に搭載された四十三センチ砲がその証左で、射程46㎞ともいわれた。

昭和三十年より国策として正式にスタートしたロケット事業は、今でこそ宇宙航空研究開発機構（ＪＡＸＡ）に一本化され、開発研究から利用までの一貫体制が整ったが、組織一本化の途中には、東大宇宙研の介入による雑音で悩まされたという。あるパーティーで輝子女史が糸川英夫氏と偶然、隣り合わせになり、「私は宮川行雄の家内でございます」と挨拶したとき、糸川氏は急に固まって、その場からそそくさと立ち去った、という事実は何を物語るのであろうか……？　本書の面白いところでもある。

不思議なことは、ロケット史が語られるとき、なぜかこの事実が無視される。ペンシルロケットが徐々に技術を向上させて、ロケットが大型化していったというかたちでＮＨＫも放映している。そういえば私も昔、そのように聞いて理解していた。だとすれば、国民は壮大なウソを思いこまされてきたことになる。「糸川伝説を感動ドラマとして語り継がれば……」という謎の理由でもあるのだろうか？

それは吉田松陰先生のいう「狂愚」の「愚」に通じるあるものが……。

本書はロケット開発の本流を明かしてくれる。そして宮川氏が、地味ながらも重要なロケットエンジンに用いられる液体酸素、液体窒素ターボポンプ支持軸受の潤滑法研究の隠れた大家であり、ＨⅠ、ＨⅡロケットエンジンの実現と、飛翔成功率向上に、いかに貢献したか計り知れないものがある。（詳しくは本書参照。ドラマ性もあってズンズン引き込まれる内容である）。

ついでに、宮川行雄氏が書斎でメモを置いて考え込んでいる姿は、厳粛な雰囲気が漂ってい
て、声をかけられないような、近寄りがたいものがあったという。古来、啓示とか、天来からのインスピレーションとは、人間意識の集中と静謐のなかに聴こえてくるのであろう。そこには真実に迫ろうという人間精神の眞も不可欠であるが。天才が思考中、やたら声をかけたりして、思考の邪魔をしてはいけないことも教えられる。

かくしてロケット開発で疾風の如く走ってきた行雄氏も、平成四年五月、六十八歳の人生を閉じた。輝子女史は平成二十五年八月二十四日、弘前市にある宮川家のお墓に詣で、行雄氏とご先祖の御霊に出版の報告をされたという。本書は輝子女史の教養に満ちた筆力もさることながら、亡夫行雄氏の国策事業にかける献身を肌で見、感じてきた女史と行雄氏の、清らかな夫婦愛の物語でもある。

＊糸川英夫氏に関わる真実も書で確認いただきたい。

＊過般の戦争原因に関わる女史の健全な想いもうかがわれます。

＊戦後の目覚ましい科学技術、産業の発展を支えてきたものは、戦前の優秀な先人達が蓄えてきた遺産に寄るものです（随所に紹介）。今の我々大人たちは、果たしてどういう遺産を、子や孫に残すのでしょうか？

＊本書は、これからの将来ある高校生、大学生、二十〜三十代の若者にもぜひ読ませたいと

いうのが私の正直な実感と想いです。とりわけ理学、工学の道を目指す若人は、日本人がいかにモノづくりの分野で、欧米に比肩すべき高い独創性を有する民族であるかなど、大事なことを学び奮起すると確信します。　MH

貴重な技術史の裏側を垣間見る

戦後、日本のロケット開発史は書き換えられている。つねにアメリカの圧力が存在した事実を淡々と記述。宮川輝子『日本のロケット　真実の軌跡』(ルネッサンス・アイ、発売＝白順社)

著者は日本のロケット開発で有名な宮川行雄氏（元法政大学教授）夫人。なぜ、この本を書かれたのか、不思議に思った。読んでみて納得、戦後の日本のロケット開発史は、作為的な物語であり、なぜか糸川英夫の物語に書き換えられて、戦前からの『開発前史』がすっぽりと欠落しているからである。

本書ではロケットの歴史を振り返りつつ、大東亜戦争時代の日本の技術水準の高さに触れ、宇宙開発の黎明期を遡及する。こうした真実の歴史が途中から作り替えられた、その理由は奈辺にあるかを、夫の開発研究をそばでみていた者として、書かずにはおられなかったというわけである。貴重な技術史の裏側を垣間見ることが出来る。

アメリカの圧力は、しかしながら現在も続行中である。H—2ロケットは純国産である。

これが途中から、脅威視するアメリカの巧妙な政治的罠によってもぎ取られた。いまのＴＴＰ加盟への露骨な圧力、小泉時代の郵政民営化がすべてアメリカの政治的圧力であったように、ロケット開発を横から政治的に成果を掠め取り、妨害し、日本の開発を遅らせたのはアメリカである。「一九九〇年にアメリカは包括貿易法『スーパー３０１』を持ち出してくるが、このとき、標的にしてきたのが、スパコン、木材、そして人工衛星だった。

つまりスパコンも木材も陽動作戦のおとり、本当の狙いは日本のロケット開発を遅らせることにあった。日米関係の裏面に触れる技術開発史の読みものである。　ＭＭ

史実に忠実な著書

日本のロケットは、急に戦後出てきたものでは無く、中断を余儀無くされざるを得なかったものの、戦前よりその技術は世界的に高いものであって、アメリカによる外圧、東大系が起こした他国との取引による事件、東大系固体型ラムダロケットの相次ぐ失敗による朝日によるマスコミの叩きに会うなど足を引っ張られたが、Ｎ、Ｈロケットの出現により世界を代表するロケット技術になった。

東大系と宮川氏の所属したＮＡＬは、結局統合されたが、東大系はロケット技術においては素人のようで足を引っ張った。ただ、東大系ロケットは統合前、糸川が去った後、玉木章夫が指揮を執りロケットを成功させているとも記してあり、史実に忠実な著書だと思う。紆余曲折を得て、結局はイプシロンの様に固体燃料を用いたロケットも成功し、固体燃料の技術も生かすことができたのではと自分は思う。ただ、固体燃料技術は戦前に日本ではもう確立された技術であったとのことだ。　**T**

真の技術者、指導者

筆者はパフォーマンスの優れた人たちが脚光を浴びる傾向にあるが、こういった宮川行雄のような真の技術者、指導者がいて科学技術の進歩がある。と説いている。　**桃の助**

違和感の穴埋め

日本のロケットの歴史において、ミュー、ラムダといった固体ロケットの後、急にN―1、N―2、H―1、H―2ロケットが出てきて、マスコミの報道では不自然な感じがしていた。その違和感の穴埋めをしてくれた。

N、Hロケットは燃料に液体を用いていて、それが日本のロケット技術の世界的なものにする原動力になった。そして、ペンシル型ロケットからのロケット技術が本流では無く、宮川輝子氏の夫の行雄氏が中心となって開発した液体燃料を用いたロケットが本流であって、マスコミでは報道されなかっただけであったのだ。ＮＨＫなどの縁故絡みの偏向報道も原因だった。戦後のペンシル型以降の固体燃料によるロケット技術は、糸川一派（東大系）などによりマスコミで報道され、それがロケットの日本のさきがけで本流であるかのように、日本のロケットの歴史であるかのように報道され脚光を浴びたが間違いである。M

四十年代

私が昭和四十年代東京都調布市にある航空宇宙技術研究所ロケット部に在任中、宮川行雄さんはロケット潤滑研究室の室長でした。その後、法政大学に移られたと記憶しています。当時、ぺいぺいであった私には雲の上の方でした。K

ベストセラーの上位をキープ

この本・書籍はネット通販のAmazonで、売り上げランキング上位で、しかもレビュー評価が高いので、紹介させていただきます。

ベストセラーの上位をキープする安定感がポイント！　宮川輝子作ということで、注目度がＵｐしています。口コミでの評価がとても高いのがなんといってもポイント！

Amazon評価レビュー

液体燃料ロケットにあこがれ

中学生の頃にロケットにはまっていた。当時は、固体燃料ロケットがメインで、液体燃料ロケットにあこがれていた。その歴史に関する身内の証言。読んでみたくなった。

グズてつのぼやき

重要な一石

「日本のロケット真実の軌跡」は日本ロケット史に重要な一石を投じられたと思います。勉強させていただいて感謝しております。

Y

さまざまな事件と関連

ロケットの研究の歴史が戦争の歴史や日本の高度成長期に起こったさまざまな事件と関連付けて記述されており、とても興味深く読み進めて行けました。

N

反日本の体質の根本的原因

糸川物語は反日本の体質の根本的原因に似たものでもあります。

T

中身の濃い内容

中身の濃い内容で、ご主人様に対しての深い思い、そして、相当なエネルギーが必要で宮川さまのお元気の源がよく分りました。　**M拝**

謎の理由でも

不思議なことは、ロケット史が語られるとき、なぜかこの事実が無視されるという。ペンシルロケットが徐々に技術を向上させて、ロケットが大型化していったというかたちでNHKも放映している。そういえば私も昔、そのように聞いて理解していた。だとすれば、国民は壮大なウソを思いこまされてきたことになる。「糸川伝説を感動ドラマとして語り継がねば……」という謎の理由でもあるのだろうか？　**H拝**

日本の戦前戦中の技術の凄さ

日本の戦前戦中の技術の凄さに改めて感動いたしました。　**S**

世界のトップレベルであった時代

「日本のロケット技術は戦前から非常に進んでいて、世界のトップレベルであった時代もあっ

た」とはじめて知って衝撃を受けました。　K

Re 日本で戦時中開発された液体燃料ロケット「奮龍」は、和製Ｖ２であります。

花の名前

人工衛星に花の名前が付けられているのは、旧海軍の伝統であったことなど感銘を受けました。　M

液体燃料と個体燃料が

ロケットに液体燃料と個体燃料の違いがあるのかも知りませんでした。日本にこれほどまでの液体ロケットの技術が蓄積されているとも思いませんでした。ありがとうございました。　T

本書を公共図書館に

物事には、事実と流布されていることが違う場合があります。本書によって我が国のロケットの歴史がよく分りました。人工衛星に花の名前が付けられているのは、旧海軍の伝統であったことなど感銘を受けました。糸川氏の中途撤退は不審に思っていましたが納得できました。現在も糸川劇団のマスコミと有識者なる輩が跋扈しています。本書を公共図書館に推薦します。

T拝

JAXA無用論

旧東京帝国大学航空研究所をはじめとして、本当に実力と権威あるものは、やたらに自己宣伝などしません。むしろ世間とは一線を引くようにしています。田中真紀子氏が科学技術庁長官になったころから、その個性を利用しようと実力のない低俗な人々らが、利用し始めたというところでしょうか。JAXAの組織も糸川系の五代らに占拠されているというところです。JAXA無用論が出てくるのも肯けます。

S拝

HⅡの失敗

早速「日本のロケット　真実の軌跡」二冊の中一冊は名古屋の友人に送り、読後はさらに知り合いに回し読んでもらうべく依頼しました。

私にとってのロケットとは、V2の技術が米ソに奪われ、その後のミサイル・宇宙開発につながったと云う事と、やはり糸川の名前が出てくるくらいで、液体・個体の違いがあるのかも知りませんでした。日本にこれほどまでの液体燃料ロケットの技術が蓄積されているとも思いませんでした。いやむしろＨⅡの失敗が気になっていました。しかしこれもロケット本体の問題ではなく、その運営母体が寄せ集めであることに起因していることを知りました。　**Ｈ拝**

歴史観への共感

しかし、と言ってはいけないかもしれませんが、それよりも私の目に留まったのは、宮川さまの歴史観への共感でした。何故なら私はこの十年、「あの戦争は何だったのか?」を求めて歴史を追いかけ、日本は何も悪いことをしてこなかった。悪いのは戦争に負けたことと、思うに至りました。だが、この戦争に負けると云う事は大変なことですね。世界で、日本だけが悪者であったかのように、今もって言われ続けるのですから。だから、何とか、そして少しでもその歪をただしたい…それが私の次世代への責任と思っております。　**Ｏ拝　平成二十五年十一月六日**

Re『宇宙開発は、戦後間もなく国策として開始されました。昭和三十年総理府航空技術研究所（後に科学技術庁・航空宇宙技術研究所ＮＡＬ）が建設され、ＬＳロケット、Ｑロケット、Ｎロケット、Ｈロケット、Ｈロケット等は全て衛星の目的に合わせて開発が進められたのです。人工衛星きく、ぅめ、さくら、あやめ、ひまわり、ゆり、あじさい、もも、ふよぅ等、気象観測や通信、放送、カーナビゲーションや世界初の実用ハイヴィジョン専門放送等の用途進展に合わせて開発が進められました。それらは、災害時や、離島の通信、国土調査、農林漁業、環境保全、防災、沿岸監視など私たちの生活や社会の安全と進歩に貢献しているのです。その恩恵は、日本だけでなく、東アジア、太平洋地域の多くの国々に及んでいます。パクリと売名パフォーマンスで銅像や記念碑を建てることや宇宙のごみを増やしてきたものとはスケール的にもレベル的にも比較にならない格段の違いであります。**宮川**』

先人たちの努力

御著拝読！　今の日本は、亡きご主人様のような先人たちのご努力によって支えられていることを実感いたします。感謝・感謝です。　**K拝**

我が国の宇宙開発の草創期

御著書拝読しました。大変読み易く一気呵成に読了いたしました。改めて、ご主人様の偉大なご功績に感激、感銘を受けております。我が国の宇宙開発の草創期にご尽力され今日の日本が世界に誇れる基盤を築かれた時代を理解できました。私も相模原の展示場を見学しましたが、

時間があれば種子島も見学したいと念じております。　Y拝

ワクワクする思い

ちょっとワクワクする思いです。じっくりと再読させていただきます。　T拝

お元気の源

ロケットと云えば糸川ロケットのみが有名ですが、その蔭にご主人様の偉大なる功績があった事を初めて知り感服しました。中身の濃い内容で、ご主人様に対しての深い思い、そして、相当なエネルギーが必要で宮川さまのお元気の源がよく分りました。不思議な方だなぁとは思っておりましたが。宮川さまの大切なお役目があり、間に合いましたのね。ゆっくり拝見させていただきます。主人が「宮川さまは、来世でもご主人様のそばにいらっしゃる方だ」と申しております。　K拝

Re　宮川は今頃「くだらねえ本を書きやがって」と怒っていますよ。きっと　**宮川輝子拝**

衝撃

友人に薦められて「日本のロケット　真実の軌跡」を読みました。テレビニュースで聞くくらいしかロケットの知識がない者です。

「日本のロケットならイトカワ氏を中心にして開発が戦後進められ、日本の技術水準はそれほど高くない」と思っていました。

　ところが、「日本のロケット技術は戦前から非常に進んでいて、世界のトップレベルであった時代もあった」とはじめて知って衝撃を受けました。「東京へ空襲に来た高度一万メートルのB29をロケット砲で打ち落とした。これがなかったら、東京に原爆が落とされたかもしれない」という記述にも驚きました。

A

真実が語られる時期

　イトカワ氏の個人的な野心や陰謀によるものと初めは思って読みましたが、「戦前戦後の国策事業の歴史を消したい大きな背景があった」ように思います。「日本のロケット開発史が、イトカワ氏の物語に書き換えられた」となっていますが、日本のロケット開発史を消すためにイトカワ氏を利用するのが好都合であった背景があったのでは……。ＮＨＫもそれを知りながら加担し特集を組んで放映したかもしれません。「国民への影響は絶大で国民を完全にマインドコントロール賭け、騙し続けている」単純に「ＮＨＫには抗議すべきだ。ＮＨＫは謝罪し、ロケット開発の真実を伝える特集を組み放映するべきだ」と思います。できたら、広い購読者を持つ週刊誌に掲載し真実を伝えるべきだが、それはできませんか？　裁判で訴えることもできませんか？　それができない世の中ですか？　韓国は戦前戦中のことを持ち出して裁判にかけ、日本に賠償を求めようとしています。少しは見習うところもあるのではないでしょうか？

話しは変わりますが、戦後突如として出てきた南京虐殺問題、慰安婦問題と似た背景があるように思われます。戦後、日本人の自信を失わせるのにも役立ってきた。「日本人に自信をもってもらうためにも、戦前の正しい歴史を知ってもらうためにも多くの人」に読んでもらいたいと思います。今、そういう時期にきているのでは。真実が語られる時期が来ていると思います。

アメリカのＣＩＡ職員の暴露による盗聴問題の影響と思いますが、ＮＨＫは最近「アメリカによる終戦直後の手紙など検閲の実態」を当時の検閲者にインタビューし、それを放映していました。時代は確実に変わってきています。真実が暴露される時代です。そういう時代に出てきた一冊だと思います。

Ｔ拝

Re

『拙著「日本のロケット真実の軌跡」をご覧いただいた由、感謝申し上げます。貴方さまの思われるように私はＮＨＫの取り組みに疑問を持っています。糸川氏と綿密な関係にあったといわれていたＮＨＫのおばさんタレント五代利矢子（五代富文の妻）の意向が重視されたものと思われます。私なりにＮＨＫには、あのおかしな「プロジェクトＸ」の放送後、当時の海老沢会長宛てに抗議の手紙を出し、「納得がいく対策が取られるまで受信料の支払いを拒否する」旨を伝えました。その後一度スタッフより番組を肯定するような電話がありました。ごく最近は、受信料の滞納が二十万円になっているとの催促がありました。お陰様で、拙著に関しましては、この度増刷になりました。一人でも多くの方々に読んでいただきたいと願っています。今後ともよろしくご指導のほどお願い申し上げます。　**宮川輝子拝**』

日本人の原型を見る

「日本のロケット真実の軌跡」をざっと読みました。

日本の戦前戦中の技術の凄さに改めて感動いたしました。

なにせ、青函トンネルなどたしか戦前からの企画だと覚えております。（小生函館生まれです）

本書の宮川様の技術者としてのお姿に日本人の原型を拝見いたしました。

糸川は中国科学アカデミーの重臣です。専門外なのに「荒野に挑む」などイスラエルについて本を出しておりすってます。さもあらん目立ちたがりやですね。真の技術者は余計なエッセイなど書きませんね。

燃料のヒドラジンなど毒性が強く改良されたことは知っておりました。水素と酸素でのエンジンも磨耗・強度など素材の開発や構造で推力は飛躍的に向上すると思います。

液体ロケットと固体ロケットの使用領域は異なり。ハイブリッド型も知っておりましたが、糸川のような横取りと官僚への宣伝がうまい人は結構多いですね。

宮川様のロケット開発には多数の専門技術者が共同でなした業でしょうね。戦後のどさくさ中には撥ねあがり者は結構いたのでは……。

低摩耗と硬度をイオンプランテーションで改良する技術など、所謂超硬度の金属表面改良技術は新幹線などの車軸受けコロに採用されているようです。軸受けが磨耗するとあのスピードで回転する車輪を支えることは無理で、旋盤のように一分以内に脱線するでしょうね。ルーツがここにあったようですね。

加藤与五郎先生という東工大の戦前からの超合金の先駆者がおりました。その弟子が小生の恩師でした。たしかに、終戦直前はベニヤの飛行機などあったかもしれませんが、合金の領域では日本は戦前から凄い技術を保有していたことを恩師から聞いております。大和の巨砲も超合金の技術がないとできない代物です。たしか、水平線に見える船に打ち込む威力があったことは知っていました、これはロケット技術とのハイブリッドでしたか、改めて凄いことをしりました。

原発の件は設置場所などの不手際で官僚による人災と見てます。江戸時代も津波がきており、先人の記録を無視した自然無視の優越感とおごりが原因と見ております。スリーマイル島事故は「安全訓練中に起きた人災」でチェルノブイリも同様といわれております。

技術にはおごりは禁物ですね。自然に勝てるわけがないのに……。

今でも経済産業省と文部科学省の二重開発がありますね。スマート医療などは厚生省など三者が合体ですすめないといけないことですが……このような隙間をついて糸川などが現れるのでしょうね。ありがとうございました。　**H拝**

Re
『メールありがとうございました。
世界に誇るゼロ戦も、高能力なエンジンは勿論ですが、超薄くする2・3ミリとかの合金技術、空気抵抗を少なくする為の沈頭ビス技術や流体技術、そのうえ何よりも精鋭の操縦技術者など、多くの素晴らしい技術と気概努力の結集であり、それらに関わった多くの人々にただただ頭の下がる想いでございます。　**宮川輝子**』

目からウロコ

九月にアマゾンで購入し読ませて頂きました。ご主人が携われたロケット開発の過程がきちっと書かれていて目からウロコの感がしました。実は、十一月二十四日の東京新聞の日曜版特集で、「国産ロケット」と題する「世界と日本大図解シリーズNo.1122」が出ましたので、さっそくお電話したのですが、残念ながら通じませんでした。もうお読みになったかもしれませんが、これには的川泰宣の「日本のロケット輸送の幕開け」と題する小文が添えられており、その中に「五五年のペンシル発射から始まる国産ロケットの輝かしい取組み云々」と書いてあり、違和感を覚えました。

ところが、今朝（十二月三日）の東京新聞一面下段の図書広告のほぼ中央に貴著の広告が出ており、「たちまち重版」と付記されているので、世間ではこの本に関心を持つ人が増えていることを知り、宮川さんに喜びの気持ちを伝えたいと同時に、ゆがめられていない日本のロケット発達史が一般に広まればよいと願っております。

O拝

Re

『メールありがとうございました。

強烈なというか異常な糸川らの自己顕示欲と名誉欲は、長い間ワガモノガオに跋扈されてきました。これらが払拭されるには、大変な時間とエネルギーが要ることは自明です。糸川の虚像をあれまでにでっち上げることが出来たのは、無責任な的川、五代、斉藤、秋葉等、提灯持ちや太鼓持ちらが存在することで達成されたことでもありましょう。一人でも多くの人々に「日本のロケット真実の軌跡」を読んでもらいたいと思います。東京新聞の例の記事の担当者佐藤あい子氏には、別便拙著を送っておきました。今後ともよろしくご支援、ご指導のほどお願いいたします。　**宮川　二〇一三年十二月三日**』

ロケットエンジン実機写真

三菱重工の友人が三菱みなとみらい技術館にある御主人が取り組まれたエンジンを見てきた写真を送ってきましたので転送します。御主人は日本にとって大変なことをなされたのですね。敬意を表します。　**H拝**（ロケットエンジン実機写真送付）

Re『Hさま　お写真ありがとうございました。

実は、あの本の中に使っているエンジン等の写真は私が種子島の宇宙センターで撮ってきたものです。カラーでとてもきれいなのですが、初版では白黒にしたようです。　**宮川拝**』

「桜花」「秋水」「奮龍」がスミソニアン航空博物館に

先日、三菱みなとみらい技術館を訪れる機会があり、その際、宮川さんのご主人が開発に注力されたロケットエンジンLE―7Aの写真を撮ってきました。

本の中で触れられているロケット推進迎撃戦闘機「秋水」、「奮龍」の模型も展示されております。終戦間際の完成でしたから、活躍できず廃棄された。

実は、現役時代、スミソニアン航空博物館に招待され、メリーランド州にあるバックヤードの広大な保管倉庫を訪れ、液体燃料ロケットエンジンを用いた「桜花」、「秋水」、「奮龍」など米国に接収された実物を見学し、日本語で書かれた説明書の翻訳を手伝わせられた想い出が蘇りました。エンジンのプラグを開けると今でも六十年前の潤滑油が漏出して来たのには驚かされました。

原爆投下機B29「エノラゲイ」を見学し、機内を見た時は複雑な気持ちになり、途中で退出しました。案内役の米国の退役空軍将校が申し訳ないと小生たちを気遣ってくれたことが印象に残っています。

本日、午後一時四十分に個体燃料のイプシロンがJAXAの手で打ち上げられますね。TV中継を観るつもりです。

―拝

Re『メールありがとうございました。糸川詐話物語が払拭されるには、まだまだ時間とエネルギーが必要でしょう。宮川の死後、ＪＡＸＡの体質はすっかり糸川・五代らのプロダクションに占拠された観があります。ホームページは全て詐話されています。文部科学省のページにも改竄が見られます。「ＨⅡロケットは自分の開発」と欺瞞するエンターテイナー五代の仕業のようです。ＪＡＸＡ無用論が出てくるのも宣なるかなであります。**宮川　拝**』

美女とロケット

今朝は日経新聞を見てびっくり。美女とロケットがどーんと大きく出ているので読者の皆さん何だろうと一寸ピンとこないのではないかと思います。

ロケットより宮川さんは何者だろうと思われるでしょう。そういう意味では宣伝効果があるのではないですか。それにしても思い切りましたね。幸運をお祈りしています。**Ｈ拝**

Re『私は、美しいだけではありません。清く正しく知性に満ち満ちていることを世の人々は知る事でしょう。(^_^.) **みやかわ**』

真実を残したいという心意気に

御著書を三菱重工に居ました同級生へ送りましたら下記のような読後感を送ってきました。輝子さんのご努力に感服しています。お元気で。　**H拝　H大兄**

筆者宮川さんの知見と見識に感心しました。

よく調べていますね。ご主人が生前にロケット開発の歴史を纏めていたものをベースに加筆されたのでしょうね。

それにしても、奥さんがご主人の為とはいえ、ロケット技術の発展の為に後世に真実を残したいという心意気に感服いたしました。本のあとがきで、勇気ある偉大な妻がご主人にこの本を捧げると記されています。ここに奥さんの思い入れがよく表れていますね。

糸川英夫氏との確執などロケット界の複雑な人間関係、東大航空研との関係などはご主人から聴いていた事を記したのでしょう。

ご主人は潤滑システムの専門家であったのですね。潤滑とメカシールについては小生も現役時代に関心があって、論文には目を通していた筈ですが…。蒸気タービンとディーゼルエンジンの中高速回転体のLUB systemでしたから、超高速とは分野が違い、パスしたのでしょう。

個体燃料ロケットは日産自動車（旧プリンス自動車）が製作、現在は日産がＩＨＩへロケット部門を売却し、本日打ち上げ停止したイプシロンもＩＨＩが製作しています。

　この分野は糸川氏と東大の影響が強く、旧中島飛行機の工場で製作。

　液体燃料ロケットはＭＨＩがＪＡＸＡから技術者を含め移管を受け、製作・打上げをフルターンキーで請け負っています。

　宮川さんは液体燃料のロケットの開発をメーンにしていたのですね。つまりＪＡＸＳＡには派閥があり、個体燃料派と液体燃料派ですね。このことが奥さんの言動に表れているのです。つまり文部省（東大）と科学技術庁・通産省の関係です。

　機会がありましたら、奥さんにお知らせください。ご主人が開発に専念されたロケットエンジンＬＥ―７の実物が横浜の三菱みなとみらい技術館に展示されていて、中高生学生の科学技術勉学の用に供されています。三菱重工のＯＢが説明員を務めております。

　尚、加圧型原子炉の模型も展示されていて、その安全性についても勉強することができます。

　追伸として、個体燃料ロケットは軍事用に転用しやすい。ミサイルは全て個体燃料。本日、イプシロンが飛んでいたら、明日の中国、韓国の反応に関心があった。おそらく、ミサイル実射を実験したなどとお節介なことを特にシナ人は言うでしょう。

　以上、執り止めもなく、感想まで。　　Ｔ拝

Re『クローズアップ現代にしろ、イプシロンに関するニュース等を見る限り、ＮＨＫやマスコミさんたちは、いまだに糸川・五代らの詐話の語り部体質から抜け出ていないようです。戦後間もなく国策として開発されてきた宇宙開発は、科学技術庁の航空宇宙技術研究所で、全て目的を以て進められてきたのです。それは研究開発が目的であり、宣伝など考えてもいない事でした。生前宮川からは、ロケットや、派閥のことなど聞いたことはありません。これらのことは、全て夫亡きあと私が独自で調べたことです。それも極最近。生前に知っていたら、何か宮川の為に出来ることがあったのではないか…と思いますが。そのようなことは、一言も私には聞かされませんでした。彼は、そのような男でした。

銅像や、記念碑を建てることや、パクリと売名パフォーマンスで、宇宙のごみを増やしてきた輩共とは質的にもレベル的にも格段の違いでございます。　**宮川拝**』

教科書ものです

『感動を以て読みました。これは、中学生、高校生の教科書ものです。　**E**』

Re『「イプシロン」はＩＨＩ製作です。昭和三十年代後期から科学技術庁・航空宇宙技術研究所が、開発・飛翔させたＬＳロケットのレベルのようです。

宇宙開発は、戦後間もなく国策として開始されました。昭和三十年総理府航空技術研究所（後に科学技術庁・航空宇宙技術研究所NAL）が建設され、LSロケット、Qロケット、Nロケット、Hロケット等全て目的に合わせて開発が進められてきました。人工衛星きく、うめ、さくら、あやめ、ひまわり、ゆり、あじさい、もも、ふよう等、気象観測や通信、放送、カーナビゲーションや世界初の実用ハイヴィジョン専門放送等の衛星の用途進展に合わせて開発が進められました。それらは、災害時や、離島の通信、国土調査、農林漁業、環境保全、防災、沿岸監視など私たちの生活や社会の進歩や安全に貢献しているのです。その恩恵は、日本だけでなく、東アジア、太平洋地域の多くの国々に及んでいます。パクリと売名パフォーマンスで銅像や記念碑を建てることや宇宙のごみを増やしてきたものとはスケール的にもレベル的にも比較にならない格段の違いであります。

イプシロンは開発費は三十億円で従来のものの半額であるとのことですが、昭和四十年頃航空技術研究所で開発されたこのレベルのQ或いは、QのLSロケットの開発費は、確か単億円ではないかと思われますが。　宮川拝　二〇一三年八月二十七日』

反日本の体質に根本原因

ご本は面白く、昨日一日で読み終えました。小生の家内も、三日かけて、読み終えました。

御先祖の御霊様は、さぞかし喜ばれたでしょうね。

ちょっと質問です。

なぜＮＨＫが、糸川をもちあげるのでしょう？

なぜ、航空宇宙技術研究所を無視するのでしょう？

ＮＨＫが数年前、ＪＡＰＡＮデビューの番組で「偏向性」を剥き出しにしました（いま裁判中）。

それは反日本の体質に根本原因がありますが、それに似たものでもありますか？

ここが肝腎要でもあるので……

Re『メールありがとうございました。お陰様で「たちまち重版」になりました。お読みになったいろいろな方から、感動したとの感想が寄せられ、出版した甲斐があったとうれしく思っています。戦時中に作られた「奮龍、秋水、桜花」などが、アメリカのスミソニアン博物館に展示されているとの情報も入りました。「何回も読んで、いろいろな矛盾が解けました」とか、「こんなに整理されたものは今までなかった」「これは、教科書として、学生たちに読ませるべきだ」等々。

ＮＨＫについてのお尋ねですが、著書の中でもチョト触れておりますが、糸川はＮＨＫの女性タレントと大変親密な関係にあってその売り込み攻勢が効を奏したとの見方があります。また、マスコミが何故航技研を無視するのかというより、多くの研究機関がそうであるように航技研も自己宣伝など蚊帳の外の問題だったのだろうと思われます。
私も一人でも多くの人たち、殊に高校生や、大学生に読んでもらいたいと思います。今後ともよろしくご支援のほどお願いいたします。 **宮川拝』**

Re

『先日は、お電話ありがとうございました。丁度、弘前市役所の前でした。今日は、六時半のはやぶさ一号で弘前に参り、先程はやぶさ十四号で帰って参りました。宮川家の墓前に本を供えて出版の報告をいたしました。疲れているはずなのに興奮しているのか、全然疲れを感じません。

お尋ねの件ですが、本の中に、それとなく書いているのですが。「奥様こんにちわ」だったと記憶しますが、当時、鈴木健二氏と組んで五代利矢子というタレントが幅を利かせていました。彼女は、「前畑がんばれ」で有名な和田しんけんアナの奥さん和田みえ子アナの妹だと云う事です。この利矢子の夫が、五代富文です。自己宣伝だけがモットーな糸川が、この利矢子を利用しないはずがありません。五代利矢子と糸川は、大変親密な関係であったと云われています。

五代富文は、ピエロというところでしょうか。ＮＨＫも地に落ちたものです。　宮川』

昔はこういう人が多かった

御本、読み始めました。

あとがきにあるご主人さまの姿は、かつて富士通の（コンピュータ生みの親といわれた）池田敏雄のすがたそのものでした。……大正十二～十三年生まれ。

池田氏はのちに、社長候補といわれましたが、専務時代、アメリカからの帰途、羽田空港で急逝しました。脳溢血でした。昔はこういう人が多かったのですね。

センセーショナルな話題

いよいよ御本が出たのですね！

お葉書にあった出版社を伝えて本屋さんに聞きましたがまだ情報が入って来ないとのことでした。三冊購入したいと存じますが本屋さんに平積みに並ぶ（確信して居ります）のが楽しみです。

関係者だけでなくきっとセンセーショナルな話題とあちこちで取り上げられることでしょう！　どうしても世の中にあきらかにせねば！　の強いお気持ちがきっと素晴らしい筆の勢

いとなって吐露されていらっしゃると想像し期待しております。「静かさは文化のバロメーター」のご著書を時折電車内などで繰り返し想い出します。素晴らしいセンス！　と主人共々心から敬服して居ります。　**K拝**

Re『御盆を前にデーター化がもたついているようです。八月の新刊としてようやくリリースが出来たところです。私の手元には、明日届けられるとのことです。K子さまには、一冊贈呈いたします。この暑さには負けておられません。ご自愛を祈ります。　**宮川拝**』

「宙遠く　見守り給うや　コウノトリ」てるこ』

戦争の歴史や日本の高度成長期に起こったさまざまな事件と関連

本当に良くまとめられたというのが第一の感想です。

執筆の動機にもお書きになっておられますがセンセーショナルな話題に付き押され最後まで書かれたお気持ちが良く分かります。

私が不思議に思うのはロケットの研究の当事者ではないのに資料を参考にしているとは言っても専門的な記述をされていることです。

内助の功だけではとても出来るものではありませんもの。

私には難しいことは解りませんがロケットの研究の歴史が戦争の歴史や日本の高度成長期に起こったさまざまな事件と関連付けて記述されており、とても興味深く読み進めて行けました。

折りしも先日、日本のロケットが十二年ぶりの打ち上げに成功し、日本人の能力の素晴しさを誇りに思いました。でも私の素人の悲しさ、十二年振り？　ここ数年、内之浦から何回も打ち上げられていなかったっけ？　と。私がテレビで、たとえば科学の専門的な説明をしている諸先生を見て、「すごい人ね」と感心していると亡くなった主人が「本当に偉い学者はテレビなどに出ないよ。マスコミに出てない人でどれだけ優秀の人がいるかわからない」と言っていました。

まさにご主人様のような方達のことだと思います。ウオーキングで相模原の宇宙科学研究所へ見学に行った折には、宮川さんの感想など思い起こしながら観察して来ようと思います。遅ればせながら著書出版、本当におめでとうございました。今後のご活躍を心よりお祈り申し上げます。

Re　『ご丁寧な御文ありがとうございました。難しいテーマの中で、私なりに自分のレベルに落として書いていますので、ロケットエンジンの専門家の方々にとっては物足りない内容になっているのではないかと危惧しています。方々からいろいろと感想が寄せられ、ありがたく思っています。本の中でほんの少し触れております戦時中に開発されたロケットエンジン戦闘機「桜花」や「秋水」、液体燃料ロケット砲「奮龍」が、アメリカのスミソニアン博物館に展示されているという情報にも接することが出来ました。これらは全て終戦後破壊されて埋められ、資料は全て焼却されたと聞いていたのですが。機会があればスミソニアンの彼らに逢いに行きたいと思っています。ありがとうございました。**宮川拝**』

注文

ご著書を神楽坂の書店に探しに行きましたが、検索にも出てこないため注文ができませんでした。すいませんが次回の一金会の折、持ってきていただけませんか。お元気でね。**H拝**』

Re『お盆を前にもたついているようでやっとリリースが出来上がりました。一金会にはカートで数十冊持ってまいります。

やっとチケットが取れたので、出版報告の墓参に弘前へ行ってきました。すがすがしいからりとした晴天でした。

著書の中にも触れている「徳利」を購入した古物商に本を携えて訪れましたが、彼の主は昨年の夏、他界されたとのことでした。「生きていたら父はどんなに喜んだことでしょう」と息子さん。一緒にしばし無念がりました。

帰りのはやぶさの車窓からは、奥羽山脈のあちこちの山にかかる猛烈な積乱雲の乱舞の光景に息をのみました。沈みゆく夕日に映し出された積乱雲。その奥には絵具を溶かしたようなきれいな青空が覗いていました。 **宮川**』

日本ロケット史に重要な一石

『「日本のロケット　真実の軌跡」をいただき感謝とともにたいへん光栄に存じます。実はたいへんな偶然で昔会社の社内報の編集で糸川博士のインタービューをしたことがあり、彼はその時「ふだん古い英語辞書を携帯しており、読み終わったページは切り裂いて捨ててしまう、そうするとあとで見られないという意識から単語がよく覚えられる…」というような話があったと思います。また、南極の氷山を日本まで引いてきて生かす方法を研究中。氷塊は航海中に何パーセント溶解するものの十分採算が合う…」というようなことも言われていたと記憶します。昭和四十年代の話です。その後バレー・ダンスなどもやってその好奇心の広さをアッピールしましたね。

ロケット関係では一本化したＪＡＸＡの初代理事長にＪＲから来られた山之内秀一郎の話

を少人数の会で聞いたこともありました。先日のイプシロンの森田泰弘さんは糸川スクールですね。

糸川のようなスタンドプレー、パーフォーマンス、売名の大物が学会や業界やさらに役所から政治まで支配している構図は恐ろしいことです。宮川さんの怒りもいかばかりかとお察しします。それにしても「真実の軌跡」は日本ロケット史に重要な一石を投じられたと思います。勉強させていただいて感謝しております。またお会いできる機会があれば光栄です。よいお年をお迎えください。　**K拝**

Re『メールありがとうございました。この出版に当たり、多くの方々から、続編をとのリクエストが寄せられております。来年五月に、リクエストに応えて続編の出版を予定しています。JAXAに一本化されてからアカデミックな雰囲気が消え失せてやたらにエンタテイナーらのパフォーマンスが目に留まります。JAXA無用論が出て来るのも肯けます。引き続き、ご支援のほどお願い申し上げます。　**宮川　二〇一三年十二月**』

思い出

ご著書「日本のロケット真実の軌跡」を読み、在りし日の先生にご指導を受けたことを思い

出しました。　N

「宇宙への挑戦」

知人から宮川輝子さまの著書「日本のロケット真実の軌跡」を頂いて拝読中です。また、これを機に、私の書棚の「宇宙への挑戦」を引き出して再読、ロケットについて勉強中です。よい本を読ませてもらい感謝しております。　S

Re『素敵なスケッチの色紙をありがとうございました。『真実の軌跡』は、一人でも多くの方に読んでいただきたいと願っています。先ずは御礼まで申し上げます。　宮川』

『秋津様　あなた様のサイトを拝見しました。あなた様のジレンマを私はまた異なった観点から感じています。何せ私は、一九五五年からロケットの世界に密接に連れ添ってきたのですから。何故この世界はこうもドロドロで滑稽な世界なのでしょうか。やはりその原点は、「法螺上手・技能低劣」なI氏の存在であり、それに呼応する太鼓持ち、提灯持ちのおチャラなAやM、S、それにパクリと詐称屋のG夫婦がおおきく関わり、それに振り回される無知で、幼稚で無責任なマスコミの罪だと結論します。でもそれは、翻って私たち一人ひとりの意識の低さなのでしょう。原発問題にしても然りであります。宮川輝子』

糸川の話「ほんとかいな」と思っていました

この度、貴書『日本のロケット　真実の軌跡』を頂き、年始の間に読了いたしました。

日本のロケットが、ご主人のご努力等で実ったことを始めて知りました。

本当に大変なことだったのだと思います。

ただ、糸川氏についてはなんとなく「ほんとかいな」と云う怪しげな印象がありましたので、そうかやはり……と云う感じです。

なお、ＮＨＫタレントのＧとはどなたのことでしょうか。差し支えなければご教示願いたく。

また「原発安全神話に通ずるもの」は全く仰るとおりです。私は産経を読んでおりますが、原発については両論併記もしない産経新聞はけしからぬ、と思います。

科学的に検討した結論ではないから、両論併記も出来ないのでしょう。

どうも有難う御座いました。今後とも宜しくお願い申し上げます。Ｋ・Ｔ

Re『メールありがとうございました。
ロケットに限らず物事を完結させるには多くの時間とエネルギーが要ります。宮川は、液体燃料ロケットの心臓部であるエンジン部分の開発を任されたのでした。お尋ねのGについては、本の中でそれとなく言っている積りでしたが…。五代利矢子です。彼女の大五代富文の役割は、ピエロ的立場ながら我が国のロケット界を詐話と虚偽で造り変えた、私の最も許しがたい人物であります。彼の専門は「パクリ」であり、彼は「ＩＰＳ細胞で世間を騒がせた詐話師森口」と同類であるとみています。宮川の死後、全く得体の知れない五代はＪＡＸＡを牛耳り自分がＨⅡロケットの開発者だとして世間を欺きロケット開発の歴史を屈辱的に改ざんした張本人なのです。しかし、次々にＨⅡの打ち上げは失敗の連続という結果になりました。ＪＡＸＡ無用論が出てくるのも当然であります。彼の罪は計り知れません。　**宮川**』

感謝

「日本のロケット真実の軌跡」この書に出会えたことを感謝しています。　**M**

西高のOBより

西高のＯＢ、秋葉鐐二郎についての記事を添付しました。読売新聞の「解説連載」欄からコピーしたものです。また輝子さんの著書へのコメントも添付しました。取り急ぎお送り致します。　**K**

Re『「時代の証言者」秋葉鐐二郎、糸川博士のDNA読売新聞二〇一三年五月二十日より二〇一三年六月二十五日掲載・編集委員矢野恵子担当』のご送付有難うございました。このようなめちゃくちゃな『時代の証言』が蔓延しているからこそ、私は、どうしても『真実』を語って残さなければならないと思ったのでした。アメリカの技術に頼り切った彼らには、全くと言ってよいほどロケットの歴史や本質がわかっていません。または意識して知らぬふりをしたかです。玩具作りと揶揄されたのも肯けます。いろいろと複合された技術によって物は造られているのですが、その主・心臓部は、エンジンです。ロケット研究開発の必要性は、昭和二十三年総理府公文書・閣甲第四百六十号に明らかなように、旧東京帝国大学航空研究所の宮川たちが動き出したのでした。当時から糸川らの第二工学部系とは明らかにレベル上の一線を画していました。宮川は、戦時中に挑んだ液体燃料ロケットの技術を一刻も早く実現したい衝動に駆られていたようでした。その開発研究が解禁になるや否や、先ずはナチスドイツのV2のエンジンを基に研究開発をスタートさせました。世界中のロケット開発がそうであったように。

今日、IPS細胞の詐話師Mや、STAP細胞Oの詐話の真偽など次々に世間を賑合わせていますが、ロケット界の糸川らは、その詐話師の元祖と言えるかもしれません。それには、周りの無責任な提灯持ち、太鼓持ちの存在も大きく作用しています。STAP細胞のOのように

糸川や五代の論文も是非検証しなければなりません。しかし彼らを「水道橋博士」や「ドクター高峰」のようにエンタテイナーと観るならば何ら問題はないのです。イプシロンはＩＨＩ製。昭和四十年代に宮川らが開発飛翔させたＱロケットのレベルのようです。このＱロケットの開発費は、単億円位かと思われます。又いろいろ教えてください。ありがとうございました。　宮川』

活力に乾杯

今朝の日経新聞「あらっ！」。その名の通り知的に輝いて魅力的！　御著書の内容も凄い！　いつも大活躍。畏敬の念で拝見しました。底知れぬ秘めた活力に乾杯でございます。ご健勝を祈っております。　S・S

変えられてきたロケットの歴史にメス

ご記憶あられますでしょうか、以前、坦々塾・

西尾先生の講演会場にて、宮川輝子様著の『日本のロケット　真実の軌跡』を賜りました。実は、すぐに半分ほど拝読させて頂きましたが、誠に恐縮乍ら、その後多忙にかまけて、漸く昨日後半を読み終えました。時間がかかりましたこと、深くお詫び申し上げます。

ご著作が私にとってとても興味深かったのは、日本のロケット開発の歴史を学べたことはもちろん、戦前ドイツの先進性や日本の戦前・戦後の連続性にしっかりと言及されていたことに加え、「歴史は作り変えられる」ことについて十二分に語られていたことです。

これらは、どれも、今も私の大きな関心事です。

また、行雄様への限りない愛情がそのまま表現されていたこともとても印象的でした。（うらやましいかぎりです。）H

衝撃的な書き出し

『日本のロケット　真実の軌跡』を読んで、タイトルの意味が理解できました。

宮川行雄さまの奥さまが、まるで、ご主人と一緒にロケットの研究・開発に携わっておられたのではないかと思えるほどの専門知識とロケットの観察力・洞察力には、読みながら感心し、驚いております。日本のロケット研究・開発の変遷については、私も良く知りませんでしたが、この本が真実なのですね。

本書執筆の動機、「私はこの本を出版するために生まれてきたのかもしれない」と衝撃的な書き出しに驚きましたが、本を読み終えて納得しました。

日本のロケット開発は、巨額の国費をつぎ込むことなく、関係者がただひたすら地道に開発に打ち込み、これが本来の日本、日本らしいやり方ですね。宮川行雄さまそのものでしょうか。

世に出回っている日本のロケット創生の物語、日本ではマスメディアに出る学者やコメンテータは、殆ど本当の事を言ってない。ロケットもそうだったのですね。

「第七章の中のマスコミの無知と不勉強」
・日本の政治家、大企業、マスコミ含め彼らは真実の事は語ってないように思います。
・添付の資料は法政大学総長の田中優子氏の記事ですが、そこの「反知性主義」という言葉があります。日本の現況のようで少し心配です。
「第七章の中の原発安全神話に通ずるもの」宮川輝子さまのおっしゃる通りですね。

「あとがき」幸せな科学者、宮川行雄さまは、誰からも尊敬される方のように思います。宮川行雄さまを一番尊敬されているのは宮川輝子さまですね。

T・T

詐話師のあがき

『日本が開発したロケットの誕生についての暴露本です。政治的な思惑や学閥により真実が歪められてしまったとの論ですが、多分に感情的な論理展開で説得力が乏しい内容です。敗れ去った勢力の精一杯の反論。といったところでしょうか。この本の内容だけで真実を判断することは難しいように思えます。開発者の妻が著者ですが、残念ながら亡夫の功績を汚す結果となったように思えて残念です。』スプリント・流星・Ms・Can・金木犀他

Re『中身をきちんと読んでいない五代君の感情的なコメントであることが一目で判ります。あなたの言う感情的とはどこの部分ですか。敗れ去ったとは、何に敗れたのですか。下賎な勘繰りはあなたの方です。あなたには日本のロケット界を低俗に自虐した詐話師として猛省を願います』宮川

『エンタテイナーのパフォーマンスとして彼らを視る限りは、何も問題はないのです。一端の学者扱いをするのであれば、リケジョだけでなく彼らの論文や自称肩書、経歴等を厳しく検証する必要がありますね。私も彼等のパクリ論文を是非拝見したいものです』

『純情なあなたが理解するには、この本は難しかったかな?』宮川

『彼ら糸川・五代らの位置付を、ドクター・ケーシーや水道橋博士のようなエンタテイナーとしてのパフォーマンスと捉える…(恐らく、宮川らはこの視点で彼らを捉えていたのでしょう)…ならば、糸川・五代らの行動は、一向に問題はないのです。一端の「学者」として彼らを視

るのであれば問題なのです。リケジョの論文が鋭く追及される所以です。彼女のみならず、「研究者」として位置付けるのであれば、彼らの論文、自称経歴、肩書など厳しい検証が必要です。国の威信をかけた研究開発は、エンターティメントでも、低次元の自己宣伝の為でもないのです』**宮川**

やっと納得

『これまでの日本のロケット開発については何と無く理解できないモヤモヤがありました。御著をつぶさに拝読して、その疑問が解けました。この本に出会えたことに感謝いたします。ありがとうございました』**M・T**

感謝

『素晴らしい書物に触れる機会を与えてくださったこと、大変感謝いたしております。』**S**

幻のQロケット

幻のQロケット

日本には戦時中開発された和製V2の宇宙ロケット技術が存在していたが、戦後間もなく国策として開始された液体燃料ロケットの技術開発や飛翔実験は、当初は具体的にその用途目的が固まって居なかったようである。やたらに宇宙のゴミを打ち上げる訳にもいかず、つまり、車は出来たけれどその積荷が決まらないという状態であったのだ。世界では、軍事的な偵察衛星の打ち上げを米ソをはじめとして盛んに行われていたが。又、キューバ危機に集約されるように当時の主力関

心は、「核」であった。そのような世界情勢の中、我が国の衛星についての具体策も希薄な時代であった。

昭和三十四年九月二十日に発生し死者五〇九八人を出した伊勢湾台風は、災害基本法など我が国の災害対策等を急速に促進させた。と同時に、台風の規模や進路、予想される被害に関する事前の情報の把握が必要な要素であることが指摘された。気象観測衛星の実用が強く叫ばれた。

この要求にこたえて当初百キログラム級の気象観測衛星を打ち上げるという具体策が出て来る。この要求にこたえて製作されたのがQロケットである。LS—A、LS—BはQロケット、LS—C、LS—DをQ'ロケットと呼称された。心臓部であるエンジンは、戦後我が国が最初に開発した液体燃料ロケットエンジンMBが搭載された。しかし、衛星の内容が具体化せられるにつれ、その規模は大きく膨らんでいった。それに対応して製作されたのがNロケット「NIPPON」である。

一段目にはME—3エンジンが、二段目にLE—3エンジンが開発された。宮川らによるこのLE液体燃料ロケットエンジンの開発は、世界に冠たる快挙である。その後のH—1，H—2ロケットに搭載されたLE—5エンジン、LE—7エンジンの基礎となった。

ＮＩロケットは、総重量九十トンの大型ロケットとなり我が国初の静止衛星「きく」を三万六千キロの宇宙圏に打ち上げた。この成功によって日本は、世界で三番目の静止衛星打ち上げ国となった。

この三万六千キロの宇宙圏へ静止衛星を投入することは、きわめて高度な技術を要する。世界は、こぞって、この功績を讃えた。アメリカ議会の報告書には、「日本は世界で第三番目の自力による静止衛星打ち上げ国となった。――中略　今回の「きく2号」の成功によって他の二者（フランス、中国）よりも上位にあることが明らかになった。これは、日本人の優れた資質と努力、そして電子工学などにおける高度に発達した技術力のもたらした結果として、賞賛を惜しまない……」と絶賛している。

この日本の宇宙開発に飛躍をもたらしたＮ―１ロケットの成功は、それまでアメリカに遅れを取っていた液体燃料の大型ロケットが一気に開花したのだ。このＮロケットの栄光の陰には日の目を見ることが出来なかったＱロケットの存在がある。幻のロケットといわれている所以である。

この度ＩＨＩによって、このＱロケットの性能が「イプシロン」となって甦る。このことは誠にうれしいことである。Ｑロケットの開発費は、単億円。Ｈ―１ロケットまで行われてきた

世界に誇るＬＥ７エンジン

当時の地味な打ち上げは、Ｈ―２ロケットからＪＡＸＡによって米国調の派手な打ち上げ演出により何十億円にまで膨らんでしまった観があるが、イプシロンは、その派手な打ち上げをコンピューターによって半額の三十億円に縮小したところに価値を置きたい。

百キログラム級の観測衛星を打ち上げるという初期の実用目的は、やがて人工衛星きく、うめ、さくら、あやめ、ひまわり、ゆり、あじさい、もも、ふよう等、気象観測や通信放送、カーナビゲーションなど、又、世界初の実用ハイヴィジョン専門放送等の用途進展に合わせて開発が進められていく。これらは、災害時や、離島の通信、国土調査、農林漁業、環境保全、防災、沿岸監視など私たちの生活や社会の利便や安全に貢献している。その恩恵は、日本だけではなく、東アジア、太平洋地域の多くの国々に及んでいる。

現在、H―2ロケットの技術は、全て三菱重工業に引き継がれ、H―2Aとしてこうのとりや衛星だいち等を宇宙空間に送り込み、宇宙ステーションへの物資供給や地球規模の環境観測等を高精度で行い、地図作成・気象観測・災害状況の把握・資源探査など、幅広い分野での利用を目的に我々の生活の向上と安全に寄与して今も地球を回り続けている。

パクリの売名パフォーマンスで銅像や記念碑を建てることとは、全く次元を異にする格段の違いである。

戦後間もなく国策として開始された宇宙開発は、科学技術庁・航空宇宙技術研究所の宮川らによって、LS―A、LS―B、LS―C、LS―DのQ、Q'ロケット、N―1、N―2ロケット、H―1、H―2ロケット等全て実用の目的を以て開発が進められてきた。その開発の過程を示すエンジンの数々は、種子島の宇宙科学センターの展示室に大切に保存展示されている。

当時の世界中の戦闘機の良い部分だけを詰め込んだ零戦（零式艦上戦闘機）について

世界に誇る零式艦上戦闘機。それは、昭和十五年九月三十日、日支事変において支那大陸の重慶上空で繰り広げられた蒋介石国民軍の戦闘機と交えた空中戦は、世界の人々をして日本の技術の高さに驚異の目を向けさせたのである。

右に左に旋回しながら大空に舞う優雅な姿は、内に秘めた精悍さとは裏腹であった。トンキン湾内の航空母艦から飛び立った十三機の『零戦』は、それを迎え撃つ蒋介石軍のロシア製二十七機の戦闘機と重慶上空で空中戦を交えた。そして二十七機全機を撃墜した。『零戦』側の被害は被弾三機で十三機全機が待機中の航空母艦に帰還したのであった。

このニュースは世界中を駆け巡り、『零戦』の名声はこれ以来世界の驚異となったのである。その後も大陸戦線での『零戦』の活躍は続き、初陣から一年後の一九四一年（昭和十六年）八月までの間、戦闘による損失は対空砲火による被撃墜三機のみで、空中戦による被撃墜機は皆無という一方的勝利に終わった。

太平洋戦争初期においても『零戦』は、空中戦性能において卓越し、一九四二年八月連合国によるガダルカナル侵攻まで、グラマンF4Fワイルドキャットなどに対し、連戦連勝であった。また当時連合軍の戦闘機がロンドンとベルリン間（片道約九〇〇キロ）を飛行し帰ってくることは夢物語であったが、『零戦』は二二〇〇キロの航続距離を持って、ミッドウエー海戦において航空母艦四隻を失うというハンデキャップを埋めたのであった。『零戦』は太平洋戦争初期に連合軍航空兵力の殆どを撃破し、その空中戦性能と長大な航続距離によって連合軍将兵の心の中に『零戦は無敵』という神話をうえつけた。

この『零戦』の実力は、日本人を始め東洋人を『イエローモンキー』と蔑んでいた欧米をはじめ世界の人々を仰臥させたのであった。日本海軍航空隊パイロットたちの精強さは、一夜にして出来上がったものでは無く、連日連夜の猛訓練と『イエローモンキー』の意地と誇りと自信の結集でもあった。大東亜戦争は、「人種差別」に対する挑戦であったのだ。

しかしその過信のあまりか、日本軍の総合的戦略、情報戦の欠落は、一九四二年六月五日から二日間に亘るミッドウエー海海戦における海上戦闘において、日本海軍は、航空母艦四隻を失うという決定的な敗北を招く。つまり空中戦において一方的な勝利を果たした『零戦』は帰還する場を失ったのである。以後、ガダルカナル、ラバウル等で善戦するも、優秀なパイロットを次々に失い日本海軍航空隊は、凋落の一途をたどるのである。

帰るべき航空母艦を失った「零戦」は、或るものは燃料切れで海中に没し、或るものは近くの小島に不時着した。この無傷の「零戦」を米軍は確保、本国に持ち帰って、ネジの一本に至るまで徹底的な「零戦」解明を行うのである。その後は、物量による大型・高速・重武装のロッキードP38ライトニングの登場、一九四三年(昭和十八年)米海軍はグラマンF6Fヘルキャットを大量に生産し使い始めた。『零戦』の優位は逆転した。その後日本は、特攻という任務で使用せざるを得ない状態に追い詰められていく。この戦争末期の悲惨な『零戦』の情態のみが強調されて、「零戦」本来の実像は幻と化している。殊に自虐史観者らは、この戦争末期の悲惨な「零戦」の末期症状のだけを強調し、またはこの末期のみを取り上げて本来の「零戦」の実像を否定さえしている。意識してか、不勉強なのか。

大東亜戦争開戦の動機となった、白人至上主義によるイエローモンキーに対する資源の封鎖作戦は、茲に効果を発揮してきた。後続戦力の増産を不能たらしめたのである。昭和十九年から始まったB25、B29爆撃機による日本本土空爆は、軍需工場の集中的爆撃により、これらは『零戦』を始め後継機の開発や各種兵器の生産を不可能にしていった。

皇紀二千六〇〇年に因んで命名された「零戦」は、昭和十一年開発が開始された。

空気力学的に極限にまで追求され、徹底的に軽量化された。紙のようにまで薄くされたジュラルミン超合金技術、空気抵抗を極限にまで追求した枕頭鋲技術、主翼と前部胴体の一体化構造、光像式照準器、その上爆撃機を一発で爆破できる20㎜機関砲二門を搭載。他の戦闘機の二倍の二二〇〇キロに達する航続距離等。当時の世界中の全ての戦闘機の良い部分だけを集めたような能力。それらが、流麗な機体に押し込まれた。

猛訓練に耐え抜いた搭乗員の高い技量など『零戦』にはまだまだ語り尽くせない多くの優点が存在する。

世界はそれまでイエローモンキーが世界で最先端、最新鋭の戦闘機を造れるなど想像もしていなかったのだ。

世界を魅了した『零戦』は、当時の若者の心を掴まないはずはない。『零戦』に魅了され、将来の自分の進む道を決めた者も少なくない。亡夫宮川行雄もその一人であった。

私の活動軌跡

静かさは文化のバロメーター（過去の著述より）

私が静穏権確立をめざす運動を始めた昭和五十年代の日本社会は、「騒音は文化のバロメーター」と世の中全体が、騒々しさの真っただ中にいた。能率と効率が最優先され、そのためには他や周りのことなど二の次であった。貧しさ故の、貧しさから抜け出そうとするアガキであったのだろう。

しかし、かくいう私も決して静かさに対する理解があったのではない。「心頭滅却すれば火もまた涼し」とか戦中戦後の猛烈な我慢の環境の中で小学校、女学校時代を過ごしてきた人間にとって、少々のことは我慢をするのが当たり前であった。この猛烈人間に取り返しのつかない制裁を神は私に課したのであった。

「地球環境」の保全が叫ばれて何年もの月日が経ったが、「環境問題」はきわめて哲学的、静穏権的理念であると思う。

1984年

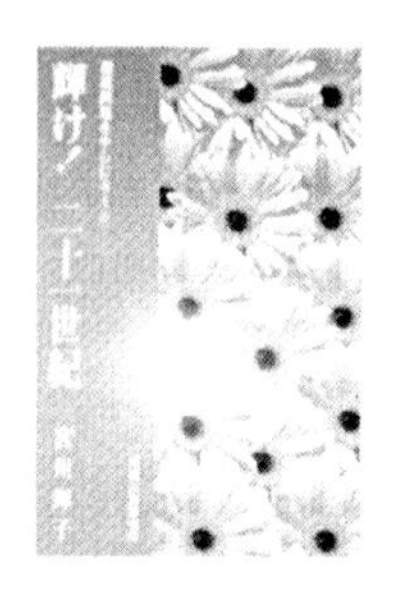

1999年

2002年　2003年

当時は「静穏権などゼイタクな運動。環七や水俣、四日市、成田の問題が大事だ」といわれたものだ。殺気立った公害紛争が起こり、加害者、被害者の間で熾烈な攻防が繰り広げられていた時代であった。しかし、私は、私の提唱する「静穏権」の基本理念こそ（静穏権の解釈は人によってさまざまだが）環境問題の基本であると繰り返し主張し続けて来た。

「静穏権」は自分だけを大切にする主張ではない。隣人や、相手や周りの人々を大切にし、その立場に立って思いやることでなければ、「静穏権」は成り立たない。

環境問題はこの「思いやり」が基本にある。地球を大切にしようとする心なのだ。

一旦破壊された自然や、被害を受けた人々の心理的・肉体的健康の被害、長年に亙る苦痛や生活の破綻、人間関係の破壊、静けさなどは、賠償金や修復費用では決して元にもどせるものではない。

ダブリントン空港にみる成熟社会の意識

ここで、新空港の設置計画が、住民の環境を考えて白紙に戻された例を紹介しよう。

一九五三年、英国では、新空港設立についての委員会や公聴会が開かれた。最初八十か所あった候補地は、三十か所に、そして四か所にしぼられた。そして、最後にダブリントンに決定された。

しかし委員の一人、ブキャナン氏は現地を訪れた。この田園地帯が、将来巨大なコンクリートのベルト地帯になり騒音の傘で覆い被せられてしまうことの無残さを思った。そこで氏は決定の撤回を求めた。一方、住民組織は独自で、ダブリントンが空港として適さないという「調査報告」を出し、反対運動を展開した。

その結果、英国政府は、一人の委員と住民運動の意見を採用して、計画を白紙に戻し、改めて空港の適性地選びを行い、新空港建設地はテムズ川河口の地に変更されたのである。その間費やされた時間と紆余曲折のエネルギーは、決して小さいものではない。しかし、そのエネルギーは強行後の自然破壊と住民の長い苦悩のエネルギーに比べたら、たいしたものではないというのだ。英国国民の豊かな心が英国の環境政策の根底にあるのであろう。

私たちは今、物質的には大変豊かになった。私の子供の頃には想像もつかなかったほど豊富で便利な品物が巷に満ち溢れている。クーラー、ボイラー、冷蔵庫、フリーザー、乾燥機、洗濯機、テレビ、ラジカセ、ステレオ、ミキサー、扇風機、自動車、芝刈機、掃除機などなど。しかし、これらはどれも音を出したり、排ガスやフロンなど出したりと目的以外のデメリットな部分を背負っている。「騒音は文化のバロメーター」といわれる所以でもある。

文明先進国の科学技術は、このデメリットである部分をクリアーしてはじめて、文明の利器といえるのではないか。

戦後、私たちは、貧しさから抜け出すために、ひたすらガンバッてきた。他人のことなど考えるゆとりもなく、ただ疾走してきた。

そして、今や世界一～二位といわれる豊かな国になった。物質的に豊かになった。

しかし、それに比例して、人々の心は本当に豊かになったのだろうか。他人を思い遣る心や、人々の生活環境に対するアメニティの感情、社会や地球に目を向ける寛容性はあるのだろうか。

「長いものには巻かれろ」「臭いものには蓋をしろ」「物言えば唇寒し秋の風」、「御身大切に」と、自分の事しか考えなかったのではないだろうか。

豊かさとは

物質的豊かさや便利さを手に入れた今、私たちは、真の「文明」とは、「豊かさ」とは、「たくましさ」とは何かと、真剣に自分自身に問いかける時にきている。

苦しみを押し付ける便利性・効率性は、真の豊かさだろうか。真の「たくましさ」とは、やさしさやデリカシーを包括したものではないだろうか。真の文明とは公害を伴なうものであろうか、と。

リサイクル活動は、地球の資源をいたわる心である。使い捨て商品を使わないことは、地球へのやさしい心遣いである。洗剤や薬剤をやたらに使わないことは、地球の土や川、海を汚さないためである。

クーラーやボイラー等を設置する場合には、隣人に迷惑のかからないように気を付けることは、文明人としての心の豊かさである。

都市計画や国土開発に当たっては、まず「環境」を基本に据えること、これは文明先進国として当然のことである。

私たちは単に被害を訴えるだけでなく、文明先進国の首都東京の公共事業のありかたについて、私たちなりに精一杯、主張・提言を行っている。

何はともあれ大切なことは、身近な環境に対し、日々の生活の中での一つ一つの行動が「地球にやさしく」「地球を大切に」の心につながっているという意識である。（一九九四年）

小学校での自動防火シャッター事件に思う

先年、ある小学校で自動防火シャッターの誤作動で児童が死亡するという事故が起きた。原因は煙探知機が湿気に反応して誤作動を起こしたとのことであった。世論は専ら誤作動に関する機械性能の問題やその管理・点検、設置基準等に関する問題に終始していた。しかし、この事故は典型的な能率と効率を最優先とした今世紀の端的な事故であると私は思う。

私は、先ず何よりも、小学校における自動防火設備そのものの存在に驚いた。しかも、その自動防火設備がほとんどの小学校に設置されているという事実に。自動防火設備は、長い廊下と沢山の大きな部屋をもって構築されている小学校という特殊な建築物では、火災が起こった場合、最小限度にその被害を食い止める為の、「物理的に有効な」防火設備であろうことは、周知のことである。

しかし、一旦事が起きた場合、生命の危機にさらされる緊急事態の状況で、いったい児童たちは、この「物理的に災害を防ぐ」機械のメカニズムの更なる危険からどう守られているのであろうか。機械の危険なメカニズムについて何も知らされない児童たちは、「機械の奴隷」的な更なる危険に身をさらされてはいないだろうか。

「取り残されている児童はいないか」など、安全を確かめながら、教師や上級生がきびしく、優しい心遣いで下級生を誘導し、防火扉を手動で閉める――、という体制が、教育の現場では全く取られていない、という実態に私は驚いた。自動防火設備は、それこそ、児童たちの避難態勢が出来ていようがいまいが、ある一定の煙の濃度を感知すると「自動的に」閉まる。これは、明らかに機械的効率優先のメカニズムである。これでは、能率と効率優先の「非人間的教育現場」といっても過言ではない。

「静穏権」の確立をめざす私としては、このような心の通わぬ教育現場を嘆く。イジメの問題や、教室の荒廃など、教育現場は今大変な危機に直面している。が、児童の心を掴んだ小さいが大切な思いやりを教育現場に行き届かせることの積み重ねが、教育現場の荒廃から、生徒と教師を救う第一歩なのではないかと思う。

せめて、自動防火設備に児童が殺されないよう、教師や上級生の心優しい誘導、緊急の場合の心の通った避難態勢がきちんと小学校の隅々に行き渡っていたら、と思う。

二十一世紀は、「人間が人間らしく、やさしさと回りに思いやりを配りながら共存共栄を」と

主張する静穏権が主役となる。（一九九四年）

公害

公害とは、エゴイズムとサディズムの産物である。開発のためなら自分の会社の利益のためなら少々の犠牲や周りのことなど構っていられないとする態度が水俣病やイタイイタイ病、スモンの問題をひき起こしたのである。また、その責任を回避する陰湿な非情さといったらない。

我が国の公害問題は足尾銅山鉱毒事件以来百年余りに及ぶ長い歴史を持つ。この足尾を念頭において、日本における公害の実体をたどる時、国の産業開発偏重主義にあぐらをかいた国と企業、企業と自治体の癒着関係が見えてくる。

一方、社会科学者が公害を真正面から取り上げて問題を提起しなかったせいもあろう。また大方の国民が公害現象を、社会的には他人事としてしか把えることが出来なかった、即ち、他人に迷惑をかけてはならないという意識が希薄で、思いやりや、ヒューマニズムの精神が欠如していたことを、あげることが出来る。

私たちが、環境週間の行事として行っているものに「騒音一一〇番は」と「シンポジュウム」がある。

騒音一一〇番では、これらのデーターをもとに、行政や企業、団体等に、規制の強化や対策の要請などを行ってきた。

自分さえ快適ならば周りに騒音をまき散らそうがお構いなし。苦情をいおうものなら開きなおり、なにやかやと屁理屈をこねる冷酷さ。まさに公害の原型がここにある。情操を育てる役目の幼児教育者が、スピーカーの音量を下げてほしいという近隣の訴えに、少しの思いやりもなく、かえって音量を上げるという「騒音一一〇番」に寄せられた苦情など、まさに背筋の寒くなる思いがするのである。この様な教育者に教えられた子供たちは、将来どんな大人に育って行くのであろうか。過密な、都市生活者には、それなりに住い方のマナーがなければならないはずである。人々の生活のスペースがますます限られていく今日、都市生活を自分も周りの人も快適に過ごすためには、お互いの英知によって、相手に迷惑をかけないような心づかいが必要であるが、日頃のコミュニケーションのほとんどない都市の住宅では、欧米のように、生活上の細かい取り決めを条例化することが必要ではなかろうか。例えば、今後ますます普及するであろうセントラルヒーティングのボイラーや、四六時中不快な音をまき散らすクーリングタワー等、これらの運転音を減少させる研究開発は、今後の産業界の課題である。

公害行政の窓口に寄せられる苦情の半数にも及ぶ騒音問題を国も自治体も、真剣にその対策を考える時期に来ている。静穏権の確立こそ、平和国家の確立である。なぜならば、平和の心

は、思いやりの心であるからである。（一九九一年）

安全神話の崩壊と静穏権

一九九五年一月十七日午前六時四十五分、神戸・淡路島に、直下型地震が襲った。ついに恐れていた大地震が、これまで比較的地震が少なかった阪神地区に起こったのである。まさに戦後五十年の節目に過密都市を襲った激甚災害であった。

死者五四〇〇人余、負傷者は数え切れず、避難所での生活を余儀なくされた被災者は約三十万人。言うまでもないことだが、これらの大震災の恐怖・衝撃は、これらの数字だけでは語れるものではない。

関東大震災クラスの地震が起きても絶対安全とされていた高速道路やビルが次々と倒壊あるいは半壊し、絶対大丈夫とされていた新幹線も寸断された。他の鉄道にも大きな被害が生じ、耐震工学者の面目は丸つぶれとなった。高度成長をひた走り、効率を最優先し、安全対策をなおざりにしてきたツケが回ったといえる。

阪神淡路大震災の約一年前のロサンゼルス地震で倒壊した高速道路を見た耐震工学者が、「日本は絶対大丈夫です」と断言してやまなかった安全神話は、自然の猛威の前にもろくも潰え去った。人間の浅知恵、ごまかしなど、自然の猛威の前には、ひとたまりもなかったのである。

（注）二〇一一年（平成二十三年）三月十一日に発生した東日本大震災は、震災による死者・行方不明者は一万八五〇〇人余、避難者は四十万人以上、安全を謳歌してきた原発は、崩壊し、その被害は何十年先まで及んでいる。「原発は安全」とする安全神話も崩壊である。

想像を絶する惨状の中、外国の特派員が、こぞって賞賛した被災者の冷静で秩序立った行動と、多数のボランティアの活発できめ細かな援助活動、そして若者たちの積極果敢な支援は、暗いニュースの中でも一筋の光明を見る思いであった。とかく「最近の若者は」と言われる中で、やさしさの遺伝子は確実に彼らにインプットされていたのである。しかし多くの人々は、心身共に深く傷ついた。今もなお、避難所生活を余儀なくされている人々。老人、子供、心身に病気を持ついわゆる生活弱者は、極めて大きな計り知れない心理的なショックを受けている。この問題は、時間が経つにつれ、更に深刻な社会問題となるに違いない。

自然破壊

長良川河口堰の運用開始が決定された。またも玄妙というべき地球の生態系を破壊する決定がなされた。どこへ行ってもコンクリートで堰止められ、護岸された河川ばかりになってしまった。細いセセラギですら巨大なコンクリートで護岸され水遊びもできない。

先日、私は幼い頃――といっても六十年近く前になるが、水遊びに興じた神田川上流に行ってみた。実はその川が、かの有名な神田川と命名されていることすら極く最近まで知らなかったのであるが…。

久しぶりに訪れたその懐かしい川は、すっかり様相が変わっていて昔の面影はどこにもなかった。巨大なコンクリートと鉄柵で人を拒み、そのコンクリートの護岸の所々からは薄汚れた排水が流れ落ちている。

あの川底の水草の透き通った緑や、追いかけっこをしたミズスマシやゲンゴロウ、アメンボウたちの姿はあるのか無いのか遙か下の水面は暗緑色に淀んでいた。今の子供たちは、私たちが経験した「さらさらと透き通った」川の水や、川の中の小さな友達を知らないまま大人になってしまう。本当の川の「温かさ」や「冷たさ」を知らないから、河川に対する感性も「コンクリートの護岸や堰」というのが一向に不自然とは思われなくなってしまっている。

（一九六六年記す）

真の市民運動と静穏権

『市民運動とはまるで縁のなかった私が、静穏権の運動を始めたいきさつなど皆様に、これまで直接お話したことはありませんでしたが、今日は、そのことについて、お話しようと思います。昭和四十八、四十九年は、高度成長の最盛期。クーリングタワーと呼ばれる冷却塔が、一般住宅にまでつけられるようになりました。私の家の近くにも、それを屋上につけた家や学校ができました。今まで静かであった環境は、そのキーンという運転音で一変しました。当時受験期にあった私の長男は、その音を大変気にしていました。しかし、戦中戦後を成長期として送った私は、「こんな音など気にしてどうするの。乗り越えなければ」と叱咤激励したのでした。この残忍な仕打ちは、やがて取り返しのつかない深い悲しみとなって返ってきました。私の運動は長男への懺悔なのです。罪の償いなのです。そしてそれは、市民としての目覚めでもありました。私は被害者という意識を好みません。やたらとぐちをこぼしたり、相手を誹謗したりしたところでどうなるものでもありません。

自分たちの運動や主張を、世間に理解してもらうには、先ず、第一に、私たち自身が、市民としての自覚を高めることであります。やたらと相手をののしったり、なァなァで諦めたりするのではなく、どうしたらよいかと考えることが大切なのです。甘えやたかりの心は禁物であります。自分の問題だけ解決しようとする自己中心性も、世間の理解をとりつけることはできません。ボランティアの高い理念と、市民として自覚をもって、静穏権の運動を続けて行こうではありませんか』

これは会の総会で行った会長としての私の挨拶である。運動を始める動機は、人それぞれに異なっていても、それを個人の問題としてではなく、社会の問題として捉え、その輪を拡げていこうとする努力は大切な市民の義務でもある。殉教という言葉はあてはまらないかもしれないが、自分の受けた被害やダメージを、一つの使命として考えるならば、ぐちばかりこぼしていられないはずである。(一九八五年)

市民の意識

成城学園前に住んでいた頃、近くの銀杏並木道の改良整備事業計画があり、その住民への説明と話し合いがもたれた。歩道を整備して街路灯を設置、街路樹の無い地域には、新しく街路樹を植える——というものであった。私はこの際、「電線を地下化出来ないか」と提案した。「都心と違ってこの地区では採算が合わないとの理由で地中化は出来ない。地域で費用を負担するのならば考えてもよい」——というものであった。この時点で大方の出席者は、諦めの雰囲気になった。沿道の住民からは、街路樹の新設に異議が出された。日当たりが悪くなる。この地域にばかりそんなにお金を掛けるのか、と他の地域から「組織ぐるみ」の応援発言者まで動員して。反対の一番の理由は、落ち葉の掃除が大変——とのことだとか。

「その地域とは、どの範囲を指すのでしょうか。区や都の助成は、出来ないのでしょうか。もっと詳しくその辺が知りたいので次回、東電とNTTの方にご出席頂いて、説明をして頂きたい」と私は申し入れをした。

その日になった。東電とNTTは、すでに結論を出して出席した。

地中化の工事を含め、銀杏並木道の改良整備事業の工事は進められた。

この電線地中化の提案を私は十数年前からことあるごとにしてきたのであったが、その度に「そんなことは無理ですよ」と古参の住民に即座に否定されていた。「行政は何もしてくれない」とはよく言うことである。しかし、私が知る限り物事を先に進めないのは、いつも古参の住民である。行政の気持ちを先に代弁するのか、自分の意見なのかは知らないが。

日米民間環境会議での感動

一九八〇年カリフォルニアで開かれた日米民間環境会議に参加した私は、そこで自分たち個人の問題とは全く無関係な、イルカの問題や、広大な山並みや、野生動物の危機などを、熱っぽく語り合う多くの紳士淑女を見た。照りつける太陽のもと、生後数か月の赤ちゃんを連れた若い夫婦が、私たちに自然破壊の危機を熱っぽく訴えながら、ヨセミテの案内役を買ってくれた。

いろいろな社会の問題に目を向け、その問題点を指摘し、運動に参加することは、現代人のライセンスといえるかもしれない。むしろ最もぜいたくな営みではなかろうか。

市民運動など、全く縁遠い世界のこと、と思っていた私の大きな意識の変化である。勉強をしなければならないことも次々と出てくる。要望書や請願書など随分と書いた。今はシスアドの勉強中である。先日、一年間の運動に費やした費用をしらべてみたら、知らぬ中に随分な額になっているのを知っておどろいた。その費用を遊興の方に使ったら、随分と楽しむことが出来たであろうに。私は何とぜいたくな人間なんだろう。市民運動にそれらを使うことが出来たのだから。そして、崇高なまでに自己にきびしく、他にやさしかった長男の、満足気な顔がちらつくのである。

日米環境会議　千家哲麿氏と古賀上野動物園園長とヨセミテにて　1980年

環境教育の使命

過去百年にわたる我が国の悲惨な公害問題をかえりみるとき、常にその被害者と加害者の間で行われる賠償の要求と因果関係や許容限度を楯とした責任のなすり合い・逃避であった。悲惨な結果を生んだその上に、何故そのような非可逆的闘争を続けなければならなかったのか。そして、そのような悲惨な状態になるまで放っておいたのか、それは、公害を許した社会全体に、反省がなされなければならない。

　自分の身近な、足元の環境を大切にしなければならないこと、自分を大切にし、そして周りや隣人にも思いやりをもつことの大切さをこれらのいたましい公害問題は教えてくれた。「人さまのなさることには……」とか「商売だから……」とか「公共のため」などとして、文句を言わないのを美徳としたり、「誰かがいってくれるだろう」といった無為と怠慢がある。

その一方では、因果関係云々とか、許容限度云々とかで、その責任を回避し、いい逃がれることの残忍性の問題もある。他人に迷惑をかけない生活態度や、身近な環境を大切にしようとする教えが、あまりにもなおざりにされて来た結果である。つまり環境教育の欠如が、これらの公害を引きおこして来たのである。

教育には大きく分けて三つの場がある。一つは家庭であり、一つは学校であり、そしてもう一つは社会である。この三つが足並みをそろえないことには、教育の効果はあがらない。例え、家庭でどんなにすばらしい環境教育が為されたとしても、幼稚園や学校、社会で環境教育がなおざりであると、家庭での教育は無意味なものになる。つまりその子供は、社会や学校で孤立し、両者の矛盾になやむことになる。よく、「それは家庭教育の問題だ」といってその場での討議を茶化し、逃げをうつ教育者や、「社会だ学校だ」と責任をなすりつける母親たちがいる。逃げるのは止めよう。その場その場の討議の場で、自分達の立場に立って、問題点を見付け出していこうではないか。

私たちが、毎年環境週間の行事の一つとして行っている「騒音一一〇番」に寄せられたケースをもとに、問題を提起したい。

瀬戸山文相に環境教育推進を訴える　1983 年

家庭——クーラーやボイラーを、隣家の寝室に近いところに設置しているので、その音で安眠出来ない。苦情をいっても、必要だから仕方がないという。

受験生が隣のピアノの音と犬の鳴き声になやまされている。苦情に対して「うちの子供の為には、ピアノの練習は勉強なのだし、犬はほえるためにいるのだ」という。自分の子供や孫は、大事だけれど隣の息子や病人には一片の思いやりもない生活態度は、環境教育欠如のあらわれである。他人に迷惑をかけない生活態度や、身近な環境を大切にしようとする心構え——みだりにゴミを捨てたり、散らさないようにしたりする。電車の中でさわいだり、人前で大声でさわいだりしないようにする。草や木を大切にする。——は幼児期の大切な教育である。

学校——近所の幼稚園に「スピーカーの音量が大きくて赤ん坊が寝つかれないので小さくしてほしい」との訴えにかえって音量を上げた。

学習塾の周辺では、塾通いの子供達のさわがしさと、庭あらしで困っている。苦情をいうと「クソババア」とますますさわぎたてる。

「教育」という名にあぐらをかいた傲慢さ。情操教育は明らかにないがしろにされている。条例によると学校の周辺では、スピーカーを使用してはならないことになっている。即ち周りでは静かにしなければならないのであるが、現実はその逆で、学校のスピーカーは、100m先まで響きわたっている。

高校生、大学生によるオートバイ通学の被害も大きい。効率とカッコヨサだけを謳歌し、他人の迷惑など考えない若者達に、過去の教育のひずみをみる。

学校に於ける環境教育は、学科教育としてよりも、むしろ「学園生活」そのものの中でなされてこそ意味がある。ある大学で環境教育をテーマにフォーラムが開かれるというので行って見て驚いた。構内至る所のゴミかごからゴミはあふれ、そこら中にゴミが散らかっている。

クラブ活動かドラムやエレキギターの暴音が周辺を支配している。便所は（私は女子用）汚れていて使用出来ない。これでは環境教育について何が討論出来るのか。

社会――環境教育が、今後大きな位置を占めていくのが、社会教育での分野であろう。地域社会の中で、職場で、環境を大切にしようとする素地が出来て、はじめて文明先進国たる資格を得るものである。テレビのニュースで「私は空港周辺での騒音が許容限度を超えているとは思いません」とか「被害との因果関係はございません」とかのたまう行政エリートたちを見ていると、まるで人間の皮をかぶった夜叉を見るような思いである。もうあのようなニュース場面には、おめにかかりたくないものである。

環境教育の本質は、人間を大切にしようとする心の育成である。環境を大切にしようとする心は、自己中心のエゴイズムや傲慢さがあっては成り立たない。それは自分や周りを大切にしようとする共存の意識と思いやり、やさしさの心である。古代ギリシャ・ローマ時代から今日まで、一貫して求められて来た人間性の本質の探究でもある。騒音から解放されて、人間の主体性をとりもどさなければならない。環境教育こそ、その理論と実践をマッチさせる大切な分野である。（一九九一年）

残したい「日本の音風景一〇〇選」と静穏権

一九九五年秋、環境庁は、「残したい日本の音風景一〇〇選」の事業に取り組んだ。私もその選考委員の一人として、この事業に参画した。

交通騒音、営業騒音、生活騒音など私たちは、音に対する嫌悪感をつのらせメノカタキにしているキライが無いでもない。確かに不必要な厭な音が多過ぎる。音環境を浄化向上させるには、不必要な不快な音を排除することは勿論である。が一方、音の良い面を引き出すこと、良い音環境を大事にしていくことも必要なことではなかろうか。

環境庁が、この「残したい日本の音風景一〇〇選」の事業を、騒音対策の一環と位置付けたのも、この辺りに由来するのであろう。音には、一方で人の心を癒し、また勇気づける効用がある。

日本の各地には、美しい音の風景や、心なごむ音風景、人々を楽しく結びつける音など良好な音の風景が数多く存在する。そして、地域の住民や行政が一致協力して、その地域の良好な音環境を保全しようとする取り組みもなされている。

この環境庁の企画は、「全国各地で人々が地域のシンボルとして大切にし、将来に残していきたいと願っている音風景を日本全国より公募し、音環境を保全する上で特に意義があると認められる一〇〇件程を認定」するものであった。その主な狙いは「日常生活の中で耳を澄ませば聞こえてくる様々な音についての再発見を促す」こと、「良好な音環境を保全するための地域に根ざした取組を支援する」というものであった。この呼びかけに対し、一月から三月までの三か月間に、全国から七三八件の応募があった。その中身は、いろいろな種類の鳥、昆虫、蛙等生き物の声、各地の川、滝、海等の自然の音、鐘、祭、産業や日常生活に伴う音等、多岐にわたっていた。

細かく図解しているもの、写真を送ってくるもの、応募用紙いっぱいに所狭しと説明を試みたものなど、人々や地域の思い入れが伝わって来て、一〇〇件を選び出さなければならない私たちにとっては、誠につらく難しい作業であった。

良好な音環境に対し、積極的に守り残そうとする人々の関心は、劣悪な音環境の浄化へとつながり、ひいては環境全体が良好な方向へ進むのではないか——こんな想いに駆られながら選考を続けたのであった。

ある時は新幹線「のぞみ」に飛び乗り、ある時は車を跳ばして現状を確かめに行ったりした。

平成八年七月一日、環境庁において、「残したい日本の音風景一〇〇選」の認定証の交付が行われた。北海道から沖縄まで日本全国から県や市の方々が来庁され交付式に臨まれた。どの顔も、郷土の誇りをかみしめて居られる様にお見受けした。

この一〇〇選に認定されたことで、これらの地域の方々は、以前にもまして保全、保安、管理等の面でご苦労が増えるかも知れない。日本の音環境の向上のため、どうか頑張っていただきたいと祈って止まない。しかし、良い音だからといって、やたらにその音をテープで流したり、押しつけるようなことだけはしないでいただきたい。押しつけられた音はどんなに良い音でも騒音になる。

これを機会に一人一人が身の回りの音環境に関心を持ち、良好な音環境の保全に努力したいものである。

私は今後、この“日本の音風景”を満喫するため、これらの地域を訪れ歩こうと思う。余生の楽しみが加わったことを喜んでいる。末永く、良好な音の風景が続くことを!（一九九五）

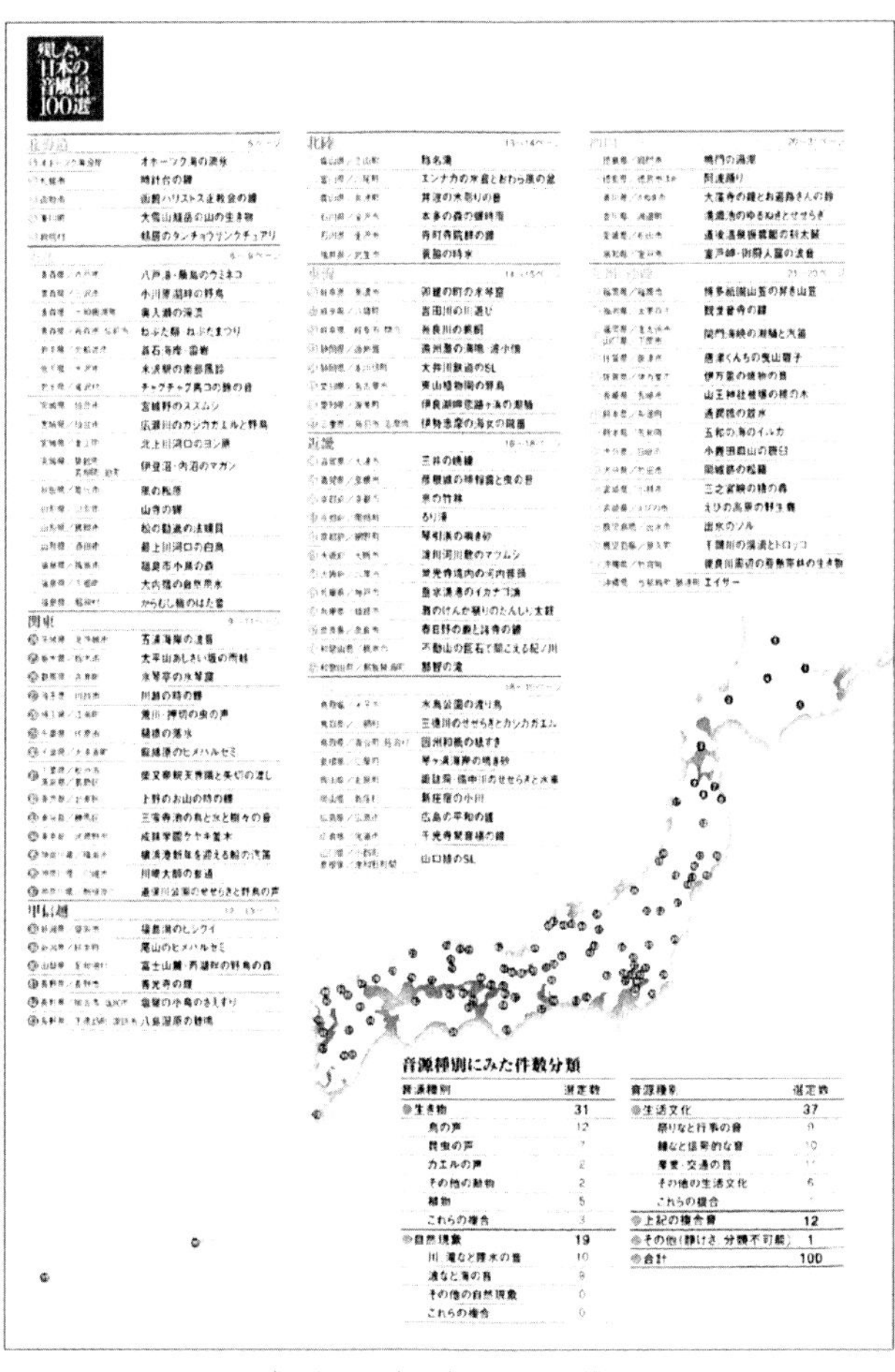

音源種別にみた件数分類

音源種別	選定数
生き物	31
鳥の声	12
鳴虫の声	7
カエルの声	2
その他の動物	2
植物	5
これらの複合	3
自然現象	19
川、滝など陸水の音	10
波など海の音	9
その他の自然現象	0
これらの複合	0

音源種別	選定数
生活文化	37
祭りなど行事の音	9
鐘など信号的な音	10
産業・交通の音	11
その他の生活文化	6
これらの複合	[illegible]
上記の複合音	12
その他（静けさ、分類不可能）	1
合計	100

残したい日本の音風景 100 選

どうしても都会の中に通すなら

高速道路

東京オリンピックの開会に間に合わせるために首都高速道路の建設は突貫工事でおこなわれた。巨大なコンクリートの高架橋は、あれよあれよと見ているうちに東京中の街を縦走横断した。

車で首都高速道路を走ると中・高層の建物が誇らしげに、或いは迷惑げにひしめき合っている様が眺められる。遠くには立山連峰や富士山も望むことが出来、関東平野の広大さを実感することもある。しかし、その風景には全く『人』が存在しない。『人間の社会』『人間の世界』ではない。

一旦地上に降りると、生きた人間の営みが蟻の世界のように行われている。薄暗い巨大なコンクリートの高架橋の下を、人々は黙々と動いている。澄んだ青空、きれいな空気、静かさを奪われて、この都会の中の人々は、ただ黙々と動いてる。

煤で黒ずんだ高架橋は我が物顔に頭上に覆い被さって、枠組みをはずしたままのコンクリートの桁や梁、配管、配線など、まるで台所の床下さながらである。

車優先、能率・効率を旨とした都市計画は、いつの間にか人間、住民、地域、環境を蔑ろにして進められてきた。
東京の世田谷区にある上馬交差点付近の交通公害に対する訴えは、このような非人間的開発への是正提起でもあった。どうしても都市の中に高速道路や自動車道路を通さなければならないのならば、沿道の住民や、生活、環境、景観等を十分に考慮し、都市にふさわしい感覚で行われるべきであること、公害対策を最優先とすること、文明先進国の道路とはどうあるべきか――を世に問うたのであった。

鉄道

開拓の先駆的役割を果たした鉄道は、文明公共事業の代表である。人々はその威力と恩恵を忘れてはいない。しかし、過密に成長した都市の中での鉄道は、一次的役割よりも、二次的弊害が大きくなっている。一次的輸送価値と二次的弊害をクリアーしつつ、両立できる地下鉄は、都市の中の鉄道である。乗客の眺望権を言う人もいるが、沿線の住民生活や環境、機能等と比較すると、後者が優先である。

世界の主要都市の地下鉄概況（1995年と1998年）
JANE'S TRANSPORT SYSTEMS

(1)

都市名	企業団体名称	開業年	営業キロ		路線数		駅数	
			95	98	95	98	95	98
ニューヨーク	ニューヨーク市運輸公社	1904	398.0	371.0	22	25	469	468
	ニューヨーク港湾局ハドソン横断公社	1908	22.2	22.2	4	4	13	13
ロンドン	ロンドン地下鉄	1863	391.0	392.0	12	12	270	267
パリ	メトロ	1900	201.4	201.5	15	15	370	294
	RER	1938	114.0	115.0	2	2	68	65
モスクワ	モスクワ地下鉄道	1935	243.6	262	9	11	150	160
東京	帝都高速度交通営団	1927	162.2	171.5	8	8	148	158
	東京都交通局	1960	68.1	77.2	4	4	69	77
ソウル	ソウル特別市地下鉄公社	1974	131.6	134.9	4	4	114	115
	ソウル特別市都市鉄道公社	1995		89		3		86
ワシントン	ワシントン首都圏運輸公社	1976	144	150	5	5	74	75
ベルリン	ベルリン運輸公社	1902	142.1	143	9	9	166	168
マドリッド	マドリッド地下鉄道公社	1919	115	120.8	10	11	158	164
大阪	大阪市交通局	1933	105.8	115.6	7	7	99	111

(2)

都市名	企業団体名称	年間運送人員 百万人		最短運転間隔 分秒		車両 両	
		95	98	95	98	95	98
ニューヨーク	ニューヨーク市運輸公社	997	1,109	2:00	2:00	5,866	5,799
	ニューヨーク港湾局ハドソン横断公社	57	61	—	—	342	342
ロンドン	ロンドン地下鉄	735	772	2:30	2:00	4,139	4,912
パリ	メトロ	1,177	1,092	1:35	1:35	3,439	3,399
	RER	361	351	2:30	2:30	948	943
モスクワ	モスクワ地下鉄道	3,162	3,241	1:25	1:50	4,035	4,237
東京	帝都高速度交通営団	2,113	2,085	1:50	1:50	2,355	2,429
	東京都交通局	581	574	2:30	2:30	652	736
ソウル	ソウル特別市地下鉄公社	1,388	1,306	2:30	2:30	1,602	1,944
	ソウル特別市都市鉄道公社		410		2:30		834
ワシントン	ワシントン首都圏運輸公社	148	194	3:00	3:00	764	764
ベルリン	ベルリン運輸公社	480	437	3:00	3:00	1,484	1,552
マドリッド	マドリッド地下鉄道公社	391	397	2:00	2:00	1,012	1,060
大阪	大阪市交通局	972	1,165	2:00	2:00	1,059	1,200

JANE'S TRANSPORT SYSTEMSが行っている「世界の主要都市の地下鉄概況」のレポートを見るとこの傾向は明らかである。

東京の地下鉄の営業距離は、ニューヨーク、ロンドン、パリに比べて、その営業距離が格段に短く、また、路線の数、駅の数も少ない。しかもその運送人員においては、東京が最も多く、ニューヨークの倍以上であるが、車両数は、ニューヨークの半分である。世界の大都市の中でも東京は、いかに地下鉄化がなされていないかが分かる。

近頃、自動車道の地下化が唱えられている。が、私は基本的に、鉄道の地下化を優先させるべきと考える。決まったレールの上を専門の技士によって運転される鉄道に比し、自動車の運転は、玄人もいれば、素人もいるし、運転する人の健康状態などもまちまちであり、ガソリンを積んでいる状態は、鉄道のそれに比べて危険度は大である。また、排気ガスの問題もある。鉄道と、自動車道の地下化は、基本的に鉄道を優先すべきと考える。

シールド工法の技術開発によって、二〜三十年前

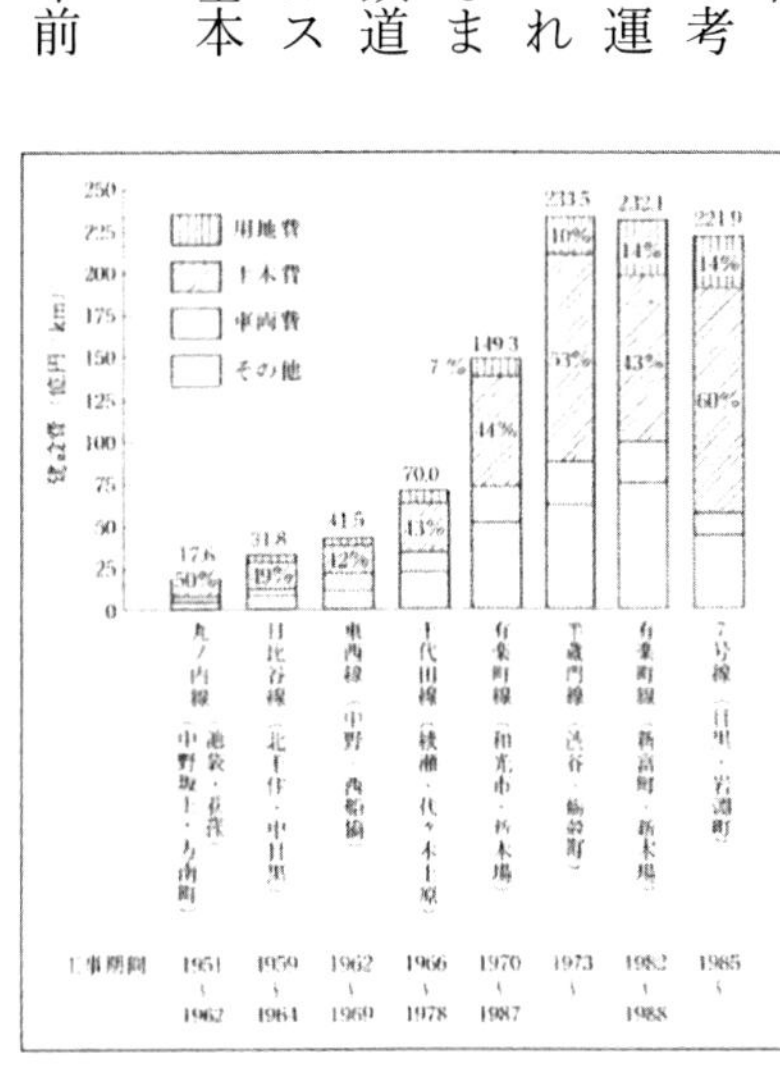

に比べると、トンネル工事は、驚異的な進歩を遂げている。殊に、日本の技術は今や世界第一級で、諸外国で高い評価を受け多く採用されている。日本国内でこの技術を用いないという手はない。

而して、O線複々線化改良工事の地下鉄化の運動が起こったのである。

シールド工法

地下は通常通り電車等を走行させながら、また、沿線住民の生活は何も変わることなしに、地中にトンネルを掘り進めていくのがシールド工法である。このシールド工法は、一八二五年、ロンドンのテムズ川下に馬車道を掘り通したのが、世界初の試みと言われている。

昭和三十年代のわが国のシールド工法は、初期的工法のままの人力で掘り進めるやり方で作業員らの安全と健康上に問題があった。

わが国特有の複雑な地層・地形は、技術者をしてそれらに対処できるよう、技術の開発研究へと向かわしめ、ついに今日ではいかなる地層—砂地層、粘土層、瓦礫層、また水中までも対処でき得る世

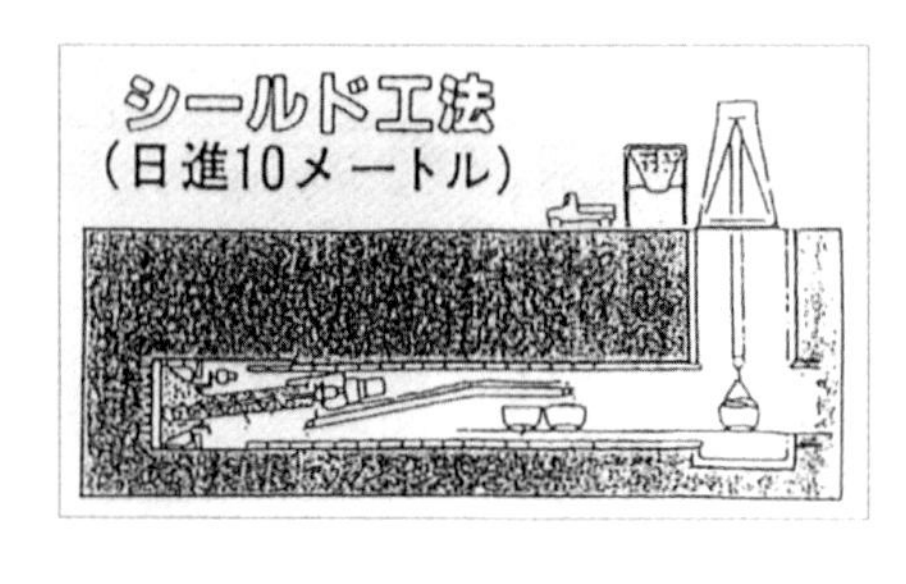

界最高の技術水準に達している。

上下・左右のカーブも、推進ジャッキの操作により方向制御もできるので、問題ない。また、泥奨法なるものが考案され切削土砂を生コン状にし、それをバキュームで吸い上げ、泥土と泥奨とに分離する。分離された泥奨は、リサイクルして使い、粘土状になった泥土は、ベルトコンベヤーで坑外へ搬出するというものである。地層によっては、その泥土はそのままレンガ等に利用できるという。一メートル単位で掘り進み、セグメントで固定されていく。

シールド機の稼動能力は、今では四kmといわれる。ゆえに、泥土搬出と資材搬入のための立坑は、四kmに一か所設置すればよい。一旦稼動をはじめれば、二四時間止むことなく稼動する。稼動を止めると機械は後退してしまう。日進約十メートルの仕事をするといわれている。（一九九五年記）

O線の複々線化についての一考察

O線の混雑解消、輸送力増強等の早期実現を、事業者は、高架形式によって、行おうとしている。事業者が提示した地層図では、地表より数メーター下は、沖積世のローム層、粘土・シルト層、洪積世の関東ローム層、砂礫層、粘土・シルト層それに固結砂である。

今回進められている高架工事の掘削線を見ると浅いところで数メートル、深いところで10ｍに及んでいることが分かる。その中には、地下水脈も多く含まれている。オープンカットによると、地下水脈がことごとく破壊されてしまう事が分かる。

トンネル工事にとって難儀な地質は、岩石層と瓦礫層であるが、この地域には、それらの層が見当たらない。シールド工法によるトンネル工事では、地下水脈は、地中で迂回し破壊されない。

私が提唱した「急行・特急の複線化」案では喜多見駅付近の高架線がそのまま略水平に新宿まで地中を通す案である。

地下駅は、急行停車駅の成城学園前駅と下北沢駅の二駅だけを造るだけで、後は、シールド機がトンネルを掘り進む。

千代田線は、代々木上原駅で地上に上がらず、地下のまま下北沢へ。従って下北沢駅は、地下に、特急・急行の複線ホームと千代田線の上下線ホームを造り、地上は各駅停車の上下線ホームとなる。成城学園前駅は、現在の計画通りに。

駅の工事以外は、シールド工法で行う。工事中に弊害が生じるのは、シールド機や資材や土砂等の搬出入に必要な縦坑の周辺だけで、地中深く行うトンネル工事は、昼夜休み無く続き、しかも沿線住民の生活や、列車の走行に支障無く進めることができるのである。

縦坑は、四キロの間隔で必要となるので、成城・新宿間一二・四キロには、どこか適当な場所三箇所で良い。

このシールド工事は、直径一〇～一二メートルの複線用一本。代々木上原付近から参宮橋付近までの二二〇〇メートルの曲線区間は、地中で直線化を試みることで、凡そ四〇〇メートル工事が短縮される。

その他の区間は、現在線の直下か側道下で行う。

工事費について

この私の案と略同一である西武新宿線の上石神井・新宿間一二・八キロの複々線化事業を参考に算出すると、総工費は、凡そ一〇〇〇億円である。西武新宿線の一六〇〇億円の工事費は、高田馬場駅と新宿駅の工事費が八〇〇億円で、差し引き八〇〇億円の路線工事費は、一キロ六十七億円となる。

通常の地下駅の工事費は、一〇〇～二〇〇億円といわれるが、この西武新宿線の二駅工事は、相当大規模なようである。

これらの数字をそのまま小田急線成城学園前から新宿間一二・四キロの区間に当てはめると、二駅の距離四百メートルと代々木上原から参宮橋の間の四百メートルを差し引いた一一・六キロに単価六七億円と二駅の工事費一〇〇億円の二倍の二〇〇億円を合わせると九七七・二億円となる。

鉄道の建設費について

社団法人土木学会は、その土木工学ハンドブックにおいて次のような見解を出している。

鉄道の建設費は、地形・地質・路線の構造等により大きく異なり、一概にいくらと決めることはできない。特に近年の地価高騰に伴い大都市周辺での建設費の占める土地代の比率は極めて大きなものになっている。これまでに行われた実績や調査から、一九八七年時点での建設費を試算した結果をまとめると、地下鉄の建設費は複線建設でキロ当たり、七〇〜二〇〇億円程度、高架鉄道（都市周辺）が四〇〜一〇〇億円、モノレールが三〇〜七〇億円であるとしている。

また別項で土工費は一立方メートル当たり切り取り一五〇〇円、盛り土二六〇〇円、土留壁費が厚さ三五〜四〇センチで立方メートル当たり二五〇〇円、トンネル費（ＮＡＴＭ工法）複線メーター当たり一八〇万円、橋梁費（リバース坑二二〜二七メートル）ＲＣ複線メーター当たり三三〇万円、鋼複線三九〇万円、高架橋費（高さ一一メートル、リバース坑二二〜二七メーター）複線メーター当たり二二〇万円、軌道費（五〇Nレール、PCまくら木、道床厚二五〇ミリ）メーター当たり六五〇〇円、であるとしている。

東京都交通局によれば、地下鉄の工事費は、一般には一キロメーター三〇〇～三五〇億円といわれているが、そのうち大体半分が、工事費で、その他は土地代金、車両費、車庫費、設備費、調査費等である。駅の工事費は、凡そ一〇〇～二〇〇億円で大体一キロメーターに一駅の割合になっているとのことである。

故に、先に計上したトンネル工事費キロ六七億円は、適切な値といえる。つまり一km六七億円と一駅の工事費一〇〇～二〇〇億円とで、地下鉄の工事費は、一km一六七～二六七億円ということになる。

O線は、複々線化するにあたって、二十一世紀を見据えて、先駆的技術と工法を導入し、環境を保全し、沿線の被害を食い止めて、未来に悔いの無い鉄道事業をおしすすめることを願って止まない。

（一九九五年記）

将来の為とどケチに徹していた私は何の躊躇も無くそれまでの預金の全てをこの運動に注ぎ込んだ。心無い中傷など私には何ら障害ではなかった。そんな時「お母様！」と端正で厳しい息子のジッとこちらを見つめる姿が現れる。
「第一種住居専用地域におけるクーリンタワー設置」についての規制を求める署名活動から始まり、続いて「静かな商売（呼び込み、カラオケ、拡声器等）」「静かな家電製品（冷蔵庫、洗濯機、掃除機、電話機、エアコン、ボイラー、換気扇等）」「都市の中の鉄道（地下化、スピーカー等）について」「都市の中での住まい方」などその陳情。要望、請願は、地方自治体、議会、環境庁、通産省、公安委員会、総理府等、席の温まる暇はない状態となった。その矛先は、都市計画そのものに及び、能率・効率の社会、企業優先の社会から相手や周りを思いやる優しさ、文化のバロメーターは静かさであることの自覚、を以て、社会をリードすることが文明国家の都市計画、企業の在り方であると主張した。

同時に他を思いやることの市民意識こそ重要であるとの啓蒙活動、グループワーク、ケースワークは勿論、シンポジウムの開催、機関誌の発行、騒音百十番開催など精力的に行った。おりしもＯＥＣＤによるアメニティーの提唱は私の静穏権の運動を後押しした。「商売の邪魔だ」「山の中に行け！」「公共の為に個人は我慢しろ」の罵声は徐々に小さくなって行った。

昭和52年6月

具体例で見る「静穏権」活動

騒音一一〇番

「騒音一一〇番」は、環境週間（毎年六月五日より一週間）の行事として、私どもが毎年行っているもので、昭和五二年（一九七七）四月、日本婦人会議が行った「医療一〇〇番」にヒントを得て、同年六月の環境週間に、有楽町の東京都消費者センターに、電話二台を仮設して第一回を開設したことに始まる。今年二〇〇〇年で二四回目になる。

会場を借りるため、有楽町の東京都消費者センターに掛け合った。「当所では、そのようなことは初めてなので」と最初は当惑されていた。

建物の管理会社へ許可申請をしなければならないこと、電話局で臨時電話の設置手続きをしなければならないことなど、いろいろ教えて頂いた。荒係長さんの連絡で、時間外の裏口を開けて待っていてくださった丸の内電話局では、保証金の持ち合わせが無く、翌日また出直すことになった。定期預金を解約して、翌日手続きを完了することが出来た。

当日は、マスコミ等の取材が殺到し、黒山の人だかりとなった。テレビのライトやフラッシュで汗だくになりながらの電話受付になった。

開始前、部屋の電話のコンセントは電話線が繋がっておらず、当日になって大騒ぎとなり、元の方から線を引くことになって工事に手間取り、開通が大幅に遅れてしまった。開通と同時に電話は鳴り続け、休むことも、食事をとることも出来ず、ただ夢中で過ごした二日間であった。

延々と相手の無理解さを訴える人、隣の深夜スナックの騒音のため、寝不足と焦燥感で疲れきっている人、「何とかしてください」と泣きつく人、或いは、相手にすごまれて怖い脅しや嫌がらせを受けている人、役所の公害課は何もしてくれないと訴える人など、切羽詰って電話してくる人々の気持ちが、受話器を通してヒシヒシと伝わってきた。どうして、こうも苦しめられなければならないのか。情けない気持ちになるのを奮い起こしながら、「あなたの言い分は、決して間違っていない！　誇りを持って、静穏権を主張しましょう！」と一人一人に呼びかけ励ましたのであった。

最近のケースワーク

静穏権確立をめざすグループ　御中

はじめまして。お世話になります。

近隣消防団の騒音に悩まされ、ご相談いたしたくご連絡させて頂きました。

Ｋ府の公害審査会にて調停および損害賠償請求を行っておりますが、弁護士にも相談はしてはいるものの、個人が自治体を相手取る為、力不足であることは否めません。

そこで騒音問題に取り組まれておられます団体のお力をお借りいたしたく、メールさせて頂きました。何か良いアドバイスなどございましたら、よろしくお願い致します。

末尾に調停の経緯を添付しております。

お忙しいところ恐縮ではございますが、ご覧いただけますでしょうか。お願申し上げます。

Y．Y　二〇一四年二月二十三日　十五時三十六分

Re

メール拝見いたしました。長い間お苦しみの事、同情申し上げます。騒音被害の中でもこの種公共性や幼児教育に関する問題は、殊に解決が困難といわれています。しかし、私どもは、公共や、児童教育といえども、出来るだけの対策は取らなければならないとの立場を支持しています。そこで、どのような対策が被申請人側（消防所側）に存するかが、一番の視点になりましょう。例えば、消防署から半径五〇〇メートルは、サイレンや、掛け声、所動作を出来るだけ立てない。このような訓練も訓練に取り入れること。常日頃から被申請人の近隣に対する友好的な態度は不可欠です。

『平成二十五年四月二十一日午前八時ごろ直接、被申請人消防団に対策の実施を申し入れたが、「火事の時覚えていろ！」と恐喝される。』とは、もっての外であります。これはとても重大な証拠になります。三号証の内容が分りませんが、これも大変重要です。

『個人が自治体を相手取る為、力不足であることは否めません。』と云われますが、そんなことはありません。『世の中を正しい方向に変えるのだ』との強い信念と誇りを以て、胸を張って調停を乗り切って頂きたい。ご健闘を祈ります。

静穏権確立をめざすグループ　**宮川輝子**

ReのRe

静穏権確立をめざすグループ　御中　宮川輝子　様

ご連絡ありがとうございます。

今後もご相談することがあるかもしれませんが、

その際はよろしくお願い致します。　Y・Y

これら騒音一一〇番のデーターを基に行政や企業、団体等に規制の強化や対策の要請、裁定申請などを行って、問題の改善につとめた。その主なものは、

一九七七年、冷却塔の地域規制の要請。電化機器の稼動騒音の低減要請—通産省、東京都、区議会等

一九七九〜一九八一年、カラオケ規制要請—環境庁、警察庁、東京都、警視庁、地方警察本部、地方自治体等

一九八三年、環境教育の推進を要請—文部省

一九八四年、集合住宅の協定作成の提言を助言—各管理組合

日本評論社より「静穏権、静かさは文化のバロメーター」出版

一九八五年、マンション遮音性能表示の制度化提言—通産省、建築学会

一九八六年、住宅用機器の販売・設置業者の注意義務要請—東京都

一九八七〜一九八九年、上馬交差点付近の交通公害で、沿道住民一三〇人と国の公害等調整委

1980年9月　鯨岡環境庁長官へ深夜営業等の規制陳情

員会へ
被害責任裁定申請―建設省、東京都、高速道路公団
一九九〇年、エアコンディショナーJIS改訂について―通産省
一九九一年、騒音制御工学会（東北大学）で騒音一〇番の報告
一九九二年〜一九九八年、小田急線騒音被害等で沿線住民三二〇人と国の公害等調整委員会へ被害責任裁定申請―小田急電鉄株式会社
一九九二年、在来鉄道騒音の環境基準規定の要望―環境庁
一九九二年、騒音制御工学会（都立大学）で「東京都環境影響評価技術指針にみる高架鉄道からの騒音レベル推定における補正値について」
と題し、東京都の在来線の防音対策指針の誤りを指摘等である。

シンポジュウム

第一回目のシンポジュウムは、昭和五十三年、時の環境庁政務次官であった山口淑子氏を迎えて「環境を語るつどい」と銘打って砧区民会館で行った。しかし何といっても圧巻であったのは、一九八〇年と翌一九八一年、日本教育会館で行われた「静穏への提言」シンポジュウムである。新聞やテレビの報道も大々的に行われた。パネリストの選択・交渉、会場・日時の調整、進行計画、受付や場内の手配など、我ながら驚く程のエネルギーを使い、孤軍奮闘してやり遂げた。会場の字幕や立て看板、たれ幕等は、父の遺品の大筆で模造紙をつなぎ合わせ、部屋いっぱいに広げて私自身が書いた。現在、至る所で行政やいろいろな団体がイベントの専門家を使ったりしてシンポジュウムが行われているが、私が企画した頃は、シンポジュウムなどもの珍しく、一主婦の行動としては、誠に無謀な試みであった。しかし、それなりに、世論の反響も大きかった。以下これまでの経過を記録しておこう。

山口淑子環境庁政務次官とＩＨＩ工場見学　1977 年

城山三郎氏とパネリストとして

一九七八（昭五三）年　砧区民会館「環境を語る集い」山口淑子環境庁政務次官、横田睦　日本婦人有権者同盟

一九七九（昭五四）年　東京都消費者センターで「静穏権確立をめざすにはどうしたらよいか」斉藤一雄都環境委員長、東京都公害局、松戸市　公害課

一九八〇（昭五五）年　日本教育会館「静穏への提言」二村忠元東北大教授、長田泰公　国立公衆衛生院部長、山本和郎　慶大教授、伊藤滋　東大教授

一九八一（昭五六）年　日本教育会館「静穏への提言」一番が瀬康子　日本女子大教授、淡路剛久　立大教授、柴田敏隆　山階研究所

一九八二（昭五七）年　東京都消費者センター「静穏への提言」木原啓吉　朝日新聞編集委員

一九八二（昭五七）年　世田谷区区民集会所「音の環境」若尾裕広大助教授

一九八三（昭五八）年　国立教育会館「よい音・悪い音」泉山中三　東海大教授、星野圭朗　学芸大付属小教諭、若尾裕　広大助教授

一九八四（昭五九）年　成城学園講堂「静穏権・静かさは文化のバロメーター」寺内大吉　他

一九八五（昭六〇）年　新宿文化センター「騒音一一〇番ことしの傾向と対策」荘美知子・菊池美尚・内藤政信

一九八六（昭六一）年　新宿文化センター「都会の音を考える」小杉隆　環境庁政務次官、藤

原房子　日経新聞記者、常松三郎都環境保全局課長

パワーポイントによるプレゼンテーション

一九八七（昭六二）年　東京都消費者センター「生活騒音防止協定について」橋本道夫　筑波大教授、金子弘之　横浜市公害課長、飯塚環境保全局員
一九八八（昭六三）年　東京都消費者センター（光風ビル）「静かな街づくりを考える」井上秀典　明星大助教授、後藤栩　騒音防止協会
一九八九（平元）年　東京都消費者センター（光風ビル）「騒音公害と市民運動」原田暁　NHK解説委員、宮内ミヨ、宮沢久子
一九九〇（平二）年　東京都消費者センター（光風ビル）「静穏権と市民の役割」荘美知子
一九九一（平三）年　松下電工ナイスプラザ　新宿モノリスビル「生活騒音とその対策について」楊井貴晴公害等調整委員会、下門優枝　弁護士、荘美知子　日大講師
一九九三（平五）年　砧区民会館「人間環境と静穏権」長田泰公元国立公衆衛生院院長・共立女子大教授、「小田急問題にみる騒音アセスメント」星野洪二　福島大教授
一九九三（平五）年　砧区民会館「環境を語るつどい」栗本慎一郎　明大教授
一九九三（平五）年　ら・ぷらす「子どもの頭を良くする環境」中松義郎　国際創造学者
一九九四（平六）年　砧区民会館「交通公害の判例をめぐって」下門優枝　弁護士、「小田急線責任裁定申請の経過報告」
一九九五（平七）年　砧区民会館「街造りと静穏権」

一九九六（平八）年　環境公害研究所「騒音が身体に及ぼす影響」長田泰公　元国立公衆衛生院院長、「振動が身体に及ぼす影響」山崎和秀元国鉄労働研究所
一九九六（平八）年「サウンド・スケープ」「ポニー教育牧場の構想」等
一九九七（平九）年　二〇年のまとめ

機関紙「静穏権確立をめざして」

「割り付け」も知らなかった私に新しい世界を開いてくれたのが機関紙「静穏権確立をめざして」の発行である。今では、始めから終わりまでの全工程を一人で熟しているが、何もわからないまま制作発行を決行した無謀さは、何だったのだろうか。静穏権を世に認知させたいという一念であったのだろう。昨年からは、カラーのコピー機によるカラー機関紙に変身させた。音の問題に限らず、広く環境

問題について訴えていきたいと考えている。（一九九五年）Ｐ

近隣騒音防止ステッカー

「静穏権」の確立運動をさらに拡げるために、私たちはステッカー作りを計画した。どんな標語がよいか、どんなデザインにしようか、大きさはどうしようかなどなど、皆で考えたが、いろいろな珍案、奇案も続出した。標語は、「静かさは文化のバロメーター」「静かさは平和のシンボル」「○○の音で隣人が苦しんでいます」「騒音は暴力」「騒音の奴隷から抜け出そう」「みんなで静かさを築こう」「マナーで音を掃き捨てよう」「音の清掃を！」「静かさはみんなの財産」などいろいろな案が出たが、結局、千葉県市川市在住の主婦武田栄子さん作による「隣人の静穏権を大切に」を第一回目のステッカー標語に決めた。「静穏権」を打ち出していること、相手側の権利をも認めているところが買われたわけである。

現在は、イラスト術も豊富で、そのデザインの選択にはあれこれと迷った。大きさも問題である。大きいにこしたことはないが、はる場所の問題やステッカーの保全性も考えなければならない。なかなか

結論がしぼれなかった。結局、斬新なデザインは必要以上に費用がかかるので、「静穏権」の運動発展を祈願する意味もこめて、千社札のスタイルをとった。これならすでにデザインも、ある程度決まっているので費用もさしてかさまない。この試みは昭和五十四年から環境庁で「近隣騒音防止ポスター」として作成された。

環境庁の近隣騒音防止ポスター

そもそもこのポスターができるようになった発端は、私たちの会員である市川市の武田栄子さんが、「是非とも、このようなポスターを会で作って欲しい」と（下）の写真のポスターを持って来られたことに起因する。私たちの会としては、大いに賛成し実現したい提案であった。しかし、如何にもその費用の負担は、私たちだけでは、大き過ぎる。

そこで環境庁にその作成をお願いできないものか。当たって砕けろだ—ということになり、有志七〜八名で陳情を行った。

環境庁の対応は極めて迅速で、私たちの希望は早速に叶えられたのである。

昭和 54 年

昭和 57 年

昭和 56 年

昭和 55 年

昭和 60 年

昭和 59 年

昭和 58 年

昭和 63 年

昭和 62 年

昭和 61 年

平成 3 年

平成 2 年

平成 1 年

平成 7 年

平成 6 年

平成 4 年

上馬交差点付近の公害問題の経緯（都市の中の道路）

上馬交差点周辺の道路に立って、しばらくすると、息が苦しくなって来る。又、人と話をしていても、のどをふりしぼって叫ばないと会話が出来ない。

この首都高速三号線は、昭和三十九年の東京オリンピックの為に、突貫工事で進められたもので、全くの自動車優先。道路周辺の住民の生活などは微塵も考えなかった計画である。道路高架橋の下は、地上の人々からすれば天井に当たるわけだが、何と、台所の床下そのままの有様である。これが東京という都市の風景として、堂々とはばかっている。高架側壁には、申し訳のように粗末なパネルが並べられている。地上の道路のバッファーゾーンとしての車道と歩道との間の植栽は、ゴミ溜のように荒れ、植木など哀れな状態で生きている。これはまさしく、道路管理者の傲慢さと怠慢である。何のための植栽か。何のための防音壁か。こんな想いにかられて、上馬問題は起ちあがった。

相手は２４６号線国道の管理者建設省、環状七号線の都道管理者東京都、首都高速３号線の管理者首都高速道路公団である。

申請人は地域沿道住民一〇一人。それまで、度々、被害のひどさを行政に訴えていたもののラチがあかず、長年あきらめていた人々であった。当初この問題を、私が行っている騒音一一

○番で相談を受けた時は、その被害の大きさを漠然とは理解しながらも、手のほどこし様もない大きな流れに、私自身も諦めの境地であった。

当時、公害等調整委員会の委員の一人に、元環境庁大気保全局長・三浦大助氏が居られた。「カラオケ」規制等で、過去にはさんざん陳情を試みた経緯から、三浦委員に相談してみた。三浦氏は、「委員会(国の公害等調整委員会)で取り上げようではないか」ということになった。折りしも国道四三号線の沿線住民が、その交通被害の賠償を求めて、地方裁判所へ提訴している時期でもあった。

公調委の手続きなど全く知らなかった私。事務局の方々に手取り足取り教えて頂いて昭和六十二年五月、被害申請にこぎつけた。「そんな事をしても所詮無駄だ」と最初は消極的だった周りの人々も、委員会が具体的に審問へ向けて動き出すと、彼らの姿勢も真剣になり、何かと協力してくれるようになった。何とか申請書は提出したものの、それからが大変だった。

先ずは公共性と個人の人権の問題、被害の受忍限度の判断、防止策の困難さなど、国や都や公団を相手に主張を繰り拡げなければならない。

図書館に通って文献を調べたり、いろいろな関係機関に出向いて資料をもらったり、新聞記事や雑誌に目を光らせたりした。普段、あれやこれやと文句や不平不満を言うのとは異なって、準備書面という形で文書化しなければならない。それがまた大変だった。夫には全く相談はしなかった。彼は、尋常ではない重大な研究開発の任務に携わっている……という思いがこれ以上の煩わしさを求めるべきではない、とあえて協力を求めなかった。が、陰の力としてその存在は大きかった。

免許取りたての運転技術で環状七号線や、２４６号線、首都高速3号線を実際に車で走って見て回ったのは、後で考えると全く無謀なことではあったが、問題に取組む真剣さと体力。解決に向かって突っ走るエネルギーは我ながら良くも持ちあわせていたものだと、今思うと懐かしい。

最近、至る所の高架道路で耐震対策と並んで、高架下部や、防音壁の改善工事が進められているのは、大変喜ばしい事である。どうしても都市の中に高架高速道路を必要とするならば、これを利用する自動車の利便性、快適性だけでなく、これら地域の環境、生活者達の快適性を併せて考慮することが必要である。

公調委に「道路騒音等被害責任裁定」を申請

昭和六十二年五月、私が申請人の代理人代表となって、世田谷区上馬交差点付近の住民一〇一名が、一年後に三十二名計一三三名が、国（国道２４６号線）、都（環状7号線）、首都高速道路公団（首都高速三号線）に対し、過去及び将来の道路公害について、一人一日約五百円の損害賠償を求める責任裁定を、公害等調整委員会に申請した事件は、各方面から注目された。

この事件に対する被申請人（建設省、東京都、首都高速道路公団）らの応答は法律論に終始し、「本件道路の建設・供用開始時には環境影響評価制度はなかったので環境影響評価は行う義務はないこと」、「防音壁設置、路面補修、植栽、清掃、過積載車両の取締りなどを行って公害防止につとめていること」『幹線道路の沿道の整備に関する法律』に基づき環境改善に努めていること」などを挙げ、道路管理者として何ら手落ちはない…と主張した。

次に、私たちの行った被申請人らに対する反論と主張を抜粋してご紹介しよう。

これらは、全て準備書面で行われた。文中の申請人は住民を、被申請人は、国・東京都・首都高速道路公団を指すものである。

被害状況等に関する主張及び反論等は全て書面で行われ、世田谷区の公害課が、沿道の騒音、二酸化窒素等の測定を行った。

低周波空気振動については、

日本騒音制御工学会技術発表会一九八二年の「高速道路高架橋から発生する超低周波空気振動の伝搬性状」京都大学。一般道路及び二階建道路から発生する低周波音については「道路に面する住宅における低周波音」（前記技術発表会一九八二）小林理学研究所のリポートがある。

（甲第一八号証）

防音壁

本件地域の高架部についている防音壁は、高欄上に五十糎の吸音パネルを付けたにすぎない。平面道路には防音壁はついていない。

上馬交差点付近の公害問題の経緯

被害状況等に関する主張及び反論

申請人らの被害状況

申請人らは次のとおり騒音等に悩まされている。これに対する被申請人らの対策は著しく不備である。

1．騒音について

（1）本件地域における騒音状況

1　実測値　世田谷区測定（甲第九号証）（甲第一〇号証）

以上のとおり道路端では、夜間においてL50は七〇ホンをこえ、総て要請限度をオーバーしている。L5をとれば八〇ホンに達する状況である。

三道路ともに五十九年にレベルが高まり、以後、上向き横ばいである。

環状七号線の「騒音距離減衰測定結果」によれば後背地50mにて夜間L50五三～五五、L5にて六〇～六五、昼間L50五五～五九、L5五九～六二ホンとなっている。住宅の遮音量は一〇～一五ホンとみられるので、室内の音場はL5にて四五ホンを超えることとなる。この数値は日本建築学会の定めた戸建住宅の許容騒音レベル三五ホン並びに室内騒音に関する適用等級二級を超えている。（甲第一一号証）

2　道路よりの距離減衰

前記の実測値によれば20m離れて略一〇ホン、50m離れて略二〇ホン、となっている。一般に平面道路は距離減衰が大きく、高架道路はこれが少ない。「沿道地域の居住環境整備に関する総合技術の開発」建設省P18（甲第一二号証）によれば減衰量は50mにて平面道路略一〇ホン、高架道路では、極めてわずかである。従って高架道路による住居の被害は、前記の実測値を上回るものと見られる。

（2）他地域との比較

1　国道四三号線公害訴訟対象地域（以下43号線地域）との比較

（表省略）

これに対し、本件地域における騒音レベルは、定点調査六十一年度を見れば、朝七五〜七九、昼七四〜七八、夕七三〜七七、夜七三〜七六ホンであり一日平均（算術平均）約七五・五、夜間を除けば約七六ホンであり国道43号線地域に比較し、約一日平均六ホン、夜間を除けば約四ホン、夜間のみでは一〇ホン近く高くなっている。

2　東京都内における主要道路測定値との比較

		夜間	昼間
首都高速環状線	日本橋兜町	七九	八一
○玉川通り	三軒茶屋	七六	七八
○環状七号線羽根木		七四	七五
○高速三号線三軒茶屋		七三	七四
国道六号線	金町	七二	七三
玉川通り	目黒区東山	七二	七二
所沢線	中野区本町	七〇	七五
京葉道路	江戸川区篠崎町	六九	七五

環状七号線　杉並区和泉　六九　七二

従って、本件地域の騒音レベルは、東京都内においてはトップクラスにあり、これを上回るのは、都心の兜町のみである。兜町は本来、賑やかな地区であるが、本件地域は、幹線道路さえなければ、もともと静かな地区である。

2．低周波空気振動

高架道路を自動車（特に大型車）が通過する際、低周波空気振動が発生する。また、平面道路においても、ある程度の低周波空気振動が発生しているが、高架道路であれば、これがカバーとなって空気振動エネルギー上昇が生じる。これは、普通の音とは異なった感覚として把握されるため、苦情内容が多様であり、「風圧を感じる」「屋根瓦がずれる」等の不満表明もこの一つであると思われる。

西名阪自動車道香芝高架橋付近の状況については、「高速道路高架橋から発生する超低周波空気振動の伝搬性状」第一、第二報（日本騒音制御工学会技術発表会一九八二）京都大学があり…（以下省略）

一般道路及び二階建道路から発生する低周波音については「道路に面する住宅における低周

波音」（前記技術発表会一九八二）小林理学研究所のリポートがある。（甲第一八号証）（以下省略）

３．大気汚染

（１）ＮＯ及びＮＯ２

世田谷区役所における測定結果は次のとおりである。

（以下省略）

以下の測定結果から

１．ＮＯ２（二酸化窒素）の期間平均値は〇・〇五九ＰＰＭであった。これは昭和五六年度からの六回の測定値では最も高い値である。

日平均値は０・０４７〜０・０６５ＰＰＭで変化し、環境基準値（０・０６ＰＰＭ）を超えた日数は四日に達した。（無効測定日を除く）一時間値の最大値は０・０９５ＰＰＭである。一日の変化では十二時と十七時付近をピークとする二山型の特性を持っている。

２．ＮＯ（一酸化窒素）の期間平均値は０・１６５ＰＰＭで、第八出張所の測定値としては六十年度についで二番目に高い値となった。

なおＮＯは六時、七時付近にピークを持った一山型である。この特性は過去数年間の結果と大きな変化はなかった。

自動車の排気ガスと健康被害については、騒音によるストレスをうけ、他の刺激に対する抵抗が弱体化している時に排ガスによる悪影響は大である。
（2）粉塵等
カーボンを含む浮遊粉塵等は窓ガラス、壁、洗濯物等を汚染するという極めて具体的な被害をひき起している。瞬時、瞬時の被害は軽微であるが、毎日のことであるから決して少額とはいえない。また、これは annoyance を増大させる結果になっている。

防音壁について

1．防音壁の種類
音源側に孔明板、内部に吸音材、住民側に遮音板を装着した吸遮音型防音壁と、コンクリート系の遮音板のみからなる簡易な遮音型防音壁とに大別される。

東京都営地下鉄新宿線の船堀付近では、パネルのジョイント部に凹凸形のカミ込みをつけ、更に粘弾性の緩衝材で振動を吸収する防音パネルを使用している。

高島平付近の架道橋の防音にもこの防音パネルとカーボン繊維を内包する振動絶縁装置が

使用されている。

日照を阻害しない透明型防音壁も開発されて現に実用に供せられている。従って昭和五〇年代半ばには、この種の防音壁を設置し得た筈である。

道路の中央分離帯に吸音パネルを立てる方式もあり、これで二〜三ホンの減衰が期待される。新幹線名古屋地区では壁の頂上に内装吸音パネル（カームゾン）を装着し相当の効果をあげている。

2．防音壁の高さ

3mが最も一般的であり、「沿道地域の居住環境整備に関する総合技術の開発」建設省（甲第十二号証）P25では「…これから見ると一般的な遮音壁の高さは3mである。そこで遮音壁の設置効果の検討においては、標準高さを3mとして以下の検討をおこなう」としている。

本件地域の高架部についている防音壁は、高欄上に五十糎の吸音パネルを付けたにすぎない。平面道路には防音壁はついていない。

3．防音壁の効果

平面道路においては特に騒音レベルの高いところに設置するケースが少なくない。本件地域は夜間L5八〇ホンを示す騒音レベルの高いところである。「沿道地域の居住環境整備に関する総合技術の開発」建設省（甲第一二号証）P26では「道路端より五m以内（受音点高1・2

m）を除き遮音壁は車道部端に設置するほうが効果的である」としている。
4．その他1）（現況）の防音パネルは高欄にボルトで固定されたH型鋼にボルトで押し付けられた状態で固定されており、振動伝播を防止する対策は施されていない。近畿大、石黒氏の「沿線振動への遮音壁の設置による影響」（日本建築学会大会昭和五十一年）（甲第一四号証）では、高欄部に設置した防音壁により、振動レベルが大きくなった事を示している。
2）高架併設道路の道路端の騒音レベルの上昇についてでは「高架併設道路の騒音レベルについての一考察」日本騒音制御工学会技術発表会一九八五（甲第一五号証）があり、四～六ホンの上昇を記している。「土地利用規制と損失補償」環境研究一九八七第六四号（甲第一六号証）によれば橋上高架の裏側に反射音対策をやっていると記されている。なお、国道四三号線公害訴訟第一審判決判例時報NO・1203　P51～52では、対策の効果を最高六ホンとしている。

環境アセスメントについて

大規模施設の新・増設につき予測手法を採用し、地元住民等との意見の調整を計る方式を最も早く法制化したのはフランスであり「危険・不衛生または近隣に迷惑な諸施設に関する法律」

（一九一七、一九七六大幅改正）により事前調査を義務づけ、特に騒音についてはその迷惑度を計るために国際標準化機構の勧告 Assesment of noise with respect community response を若干修正した基準まで法制化している。

日本においても日本音響学会は日本道路公団からの委託に基づき昭和四四年三月「道路騒音調査報告書」をとりまとめている。（音響技術一九七九NO・4P25道路交通騒音の予測推定方法と今後の問題点）従って精密な方法でないにせよ、法的義務がなければ行動しないという方式を固守せず、被申請人にして騒音の発生予測と、その防止対策を真剣に考える意思があれば、自主的アセスメントは可能であったはずである。特に首都高速三号線については供用開始が昭和四六年であるから、対象を騒音にしぼって予測を実施することは可能であった。

騒音の受忍限度に関する考察

戸建住宅の遮音量は千差万別であるが、世田谷区野沢二丁目三十四番十六号所在川端氏宅において、ガラス窓を開閉し測定した結果はほぼ一五ホンであった。

従来の戸建住宅は、軒先、床等に隙間が多く、湿潤な気候に対し自然換気が行われるようになっていた。現在の戸建住宅は、隙間が少なくなってはいるが、この遮音量がＲＣ高層マンションを平均的に上回るとは考えられない。また住宅地域では夏期、窓の一部を開けて寝る風習もある。これは米国でも同様でありEPAも partly open window 状態を平均遮音量としている。以上に鑑み、日本の住宅遮音量は平均的に見て一五ホンと見ることが妥当であろう。ただし窓のパッキングの劣化部分を良く通過する高周波音を多く含む騒音については、この量を更に割引く必要がある。道路騒音は中周波が主体であるので、欧米と日本の家屋遮音量の差は、ほぼ一〇ホンとなる。よって前記Leq76を日本に合うよう修正すれば、Leq66となり、これが幹線道路に面する地域の昼間の受忍限度と言い得る。

世田谷区は道路より二〇mまでの地域を沿道整備法の整備対象としており、これ以遠は本件地域の実態から見て「住宅地域」とするのが妥当であろう。

睡眠妨害による受忍限度の判定

睡眠は活力を回復させる過程であり、この妨害が単に健康に有害であるのみならず、精神的な不安感を増し、思考作用や注意力等に悪影響を及ぼすことは明らかである。しかし騒音の種類、暴露状態等によって影響の度合は異なり、受音側の態様、例えば年齢、性別、馴れによる軽減、またその反対に過去の被害ないし加害側の態度等による過敏反応等によって差異を生じる。これまで、多くの実験や住民反応調査が行われているが、実験は対象者が限定されざるをえず、種々の批判はあるにせよ、その結論は尊重されねばならない。更に最近は、空港、道路周辺など現に相当の騒音に悩まされている人々を対象とした現地実験が行われている。

1　騒音の睡眠に及ぼす影響について「労働科学」（一九五五）では、大島政光ほか研究員四名を、被研者とし六日間テストした。庄司氏等の研究では四〇ホン以下で既に被害という形で、その障害が自覚されているが、この実験結果でも四〇ホンで睡眠障害のきざしがうかがえる。主観的には、四五ホンが限界であると被研者は訴えているが、実験室の実験の場合のように敵意をもっていない時と、都市騒音の場合のように、ある程度の敵意をもっている時とでは、受け取り方の限界も異なると思われる。従って騒音の許容値の問題は、その基盤がどちらにあるかによって異なると思われる。

2　騒音の睡眠に及ぼす影響に関する実験的研究（国立公衆衛生院研究報告　一九六八長田泰公ほか学生五人を被研者として実験）では、夜間睡眠中に聞かせた騒音は四〇ホンでも脳波からみて睡眠深度を浅くし、脈拍の安定を乱し血球にも変化を与え睡眠による休養の効果を損なうという結果が出ている。上記、大島らの実験結果によると眠りに入るまでの時間は四〇ホンの場合には三〇ホンの時の四〇%、五〇ホンの場合は八〇%長くなるといい、目覚めに要する時間は三〇ホンの場合と比較して、四〇ホンの時には二〇％、五〇ホンの時には四五％短縮するという。従って、四〇ホンでも、かなりの睡眠妨害があるという今回の結果も肯定できよう。――騒音による睡眠妨害の訴えは四〇〜五〇ホン地域でも住民の半数に及ぶという。夜間の騒音レベルとの対比がないので、そのままでは今回の結果と比較出来ないが、日中の騒音よりも夜間の騒音の方が低いであろうから、夜間四〇ホン程度の地域でも、睡眠妨害の苦情が出ているものと思われる。今回の実験結果、従来の実験的研究、さらに住民調査の結果からみて夜間の騒音レベルが四〇ホンをこえることは好ましくないと考えられる。家屋の遮音性能を考慮にいれると、戸外のレベルは、これを多少こえてもよいであろうが、少なくとも窓を開放する機会の多い夏期には、戸外レベルもこれ以下であることが望ましい。この数字は従来から提唱されている屋内騒音の基準と大体同じである。例えば、一般室の騒音基準値のなかで寝室は三五〜四〇デシベル（A）となっている。なお今回の実験も従来の研究も健康人による結果である。老人や病人の場合には、より低いレベルが要求されるであろう。大阪の調査（大阪市総合計画局公害対策部一九六六）では四〇〜四五ホンの地域でも入院患者の五七％がなんらかの睡眠障害を訴えている。

3　短期間の連続および断続騒音の睡眠に及ぼす影響（国立公衆衛生院研究報告　一九六九　長田泰公ほか）2の続編であり、四〇ホン以下でも脳波その他の反応を起こし得る。低音よりも高音の方が影響が大きい。睡眠が深くなるにつれ馴れを生じにくい。三〇分に一回ごと、騒音にさらされる時間の合計が三〇分にすぎない騒音でも、六時間連続さらされる場合と同程度の睡眠妨害を起こすことから、睡眠には連続した静かさが必要である。

上馬道路公害で私たちが提示した調停条件

国道二四六号線

○中央分離帯に両面吸音壁を設置

○高速道路公団と協力して高架構造体下部に吸音板と照明の設置

○歩道の植樹の維持管理の徹底

○路面の平面維持管理の徹底（マンホール周辺を含む）

○路面及び構造体等の清掃の強化　都道環状七号線

○中央分離帯に両面吸音壁を設置

○国道との交差点トンネル内に吸音壁を付設

○歩道の植樹の維持管理の徹底

○路面の平面維持管理の徹底（マンホール周辺を含む）

○路面及び構造体等の清掃の強化　高速三号線

○地下道化計画の推進実行
○防音壁の設置（透明型を含む）
○構造体接続部分の路面平面化
○路面の平面維持管理の強化
○路面及び構造体等の清掃の強化
○中央分離帯に両面吸音壁を設置
その他
○家屋破損部分の補修
○住宅防音工事の促進（家屋内空気清浄器を含む）
○防音工事の効果検証
○交通規制の監視強化

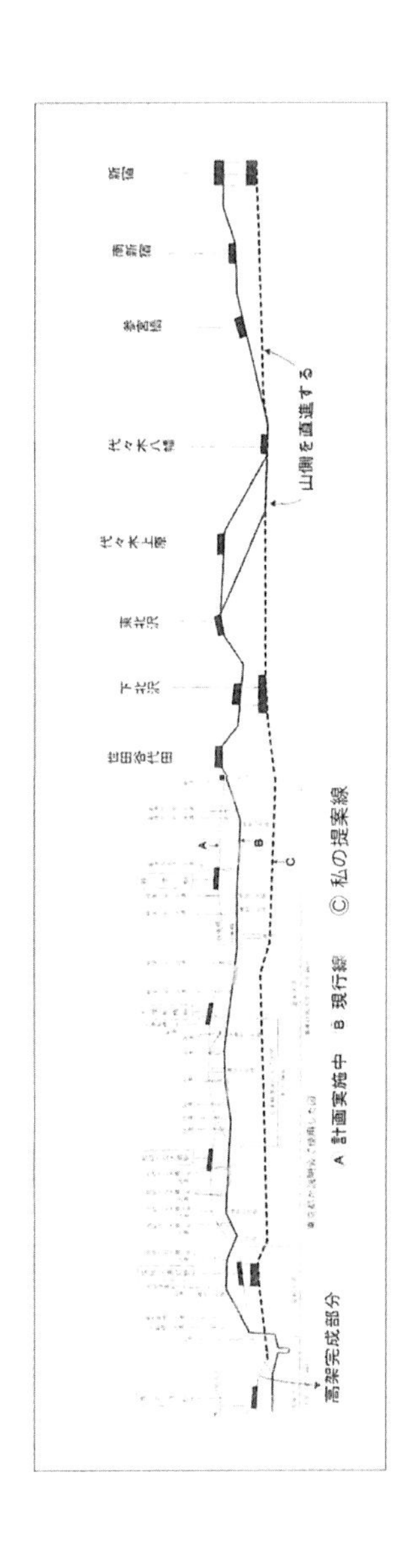

申請人らが被申請人らに求めた釈明

1　被申請人の国・東京都・首都高速道路公団に対して求めた釈明。

（1）本件道路の供用によって発生する騒音・振動・大気汚染等の実態についてどのように把握されているか明らかにされたい。

（2）本件道路の公害防止について具体的にどのような対策を講じているか明らかにされたい。

（3）本件道路の粉塵除去のための清掃についてどのような措置（方法、程度など）を講じているか明らかにされたい。

２　被申請人の首都高速道路公団に対し求めた釈明。
（１）から（３）の他に
（４）本件道路に係る防音壁の設置の時期、場所、基準及びその構造、材質、費用、防音効果等について図面等をもって詳細に明らかにされたい。
（５）上り線側の防音壁が設置されなかった経緯について、具体的に釈明をされたい。
（６）路面のジョイントから発する騒音・振動に対する対策を明らかにされたい。
（７）二四六号線の自動車の通過に伴い発生する騒音が高架構造体に反響して生ずる騒音に対する対策を明らかにされたい。

裁定を求めた理由

（１）申請人らが被申請人らに対して損害賠償を求める法的根拠は、国家賠償法第二条第一項であり、本件道路には、その供用により、申請人らが受忍限度を超える被害を受けるような騒音、振動、大気汚染等を発生させる瑕疵があることに基づくものである。
（２）本件各道路のどれから発生した騒音、振動、大気汚染等によって、申請人らの被害が生じたか不明であるから、被申請人らに対して共同不法行為責任に基づき損害賠償（慰謝料）の支払を求める。

（3）申請人らのそれぞれの被害の内容及び程度は、次回期日以降に主張するが、これらの被害による損害賠償（慰謝料）として、一括して、申請人らは、昭和五十九年六月一日から昭和六二年五月二八日までの損害賠償（慰謝料）として、それぞれ各金五十万円の昭和六二年五月二十九日から本件公害による被害が解消されるまで一日当たり各金五百円の割合による金員の各支払を求めるものである。

将来請求の適法性等について

一日一人当たり五百円という請求方式は、申請人らそれぞれに生じる可能性のある個々の生活事情の差異を捨象し、共通的被害として一律算定した金額である。

本件公害による被害の状況は道路端における騒音レベル等の測定値に有意差を認めうる程度（概ね五ホン）の変更がない限り、将来にわたって差異を生じないと推定することが妥当である。被申請人らは、公害対策として、路面補修、植栽、清掃、過積載車の取締りを実施してきていると主張するが、道路端における騒音レベルを見るに、三道路ともに五九年には前年度に比べ悪化し、以後はほぼ同レベルをつづけている。従って今後かかる処置を取りつづけても、改善の見込みはない。

路面補修、植栽、清掃、過積載車の取締り等は、道路管理者として必要最低限の当然の任務であって、それが公害の低減に効果を呈していない限り、公害対策として特に声高に強調される事柄ではない。

首都高速道路公団は「当該地域の防音壁の設置について地元の関係住民と十分協議を行い、日照問題等の調整を図りつつ、今後検討することにしたい」としているが、現在まで十三年を経るも、何等の改善も行われなかった事実から見て、早急に進展するとは思われない。

また低周波空気振動や排ガスの低減対策について被申請人らは実施の意思を全く示していない。

幹線道路の整備に関する法律が適用されることは、申請人らとしても大いに期待しているところであるが、本法制定後事業開始までに七年を要し、未だ全く進展していない。

被申請人（国）らの準備書面に対する反論

一、住民らは、道路が国民生活と密接な関連を有し、公共性の高いものであると認識している。そのため使用禁止等の請求を求めていない。即ち道路の機能と沿道住民の生活との両立を求めているのである。従って、国が、今にして道路の公共性等について多弁を弄するのは、全く国費の無駄遣いであり、かかる大論文作成に要するマン・パワーを、道路より発生する沿道住民の被害の減少につながるプラスのエネルギーにふり向けるべきである。

二、道路を利用する交通機関は時刻にしばられない随時性の便利な輸送機関である。しかし道路が渋滞すれば、その到着時刻が予想出来得ない。従って、公共性の高い道路を管理する者は、国民が経済的に、これを利用し得るよう維持管理する責任を国民より付託されていることを銘記しなければならない。現在、道路の延長三二%において交通混雑が生じている現状を打開すべく、努力のかぎりをつくすべきであり、特に高速道路を渋滞させ低速道路となすことは、国民経済に与える損害大なるものである。

三、幹線道路が国民全体に共通的利益をもたらし、且つ平面道路に近接して居住していることによって、バス停留場に近い等、多少の特別利益を享受することは認められるが、これら特別利益は、連夜の睡眠妨害等の被害に比べれば誠に些細な便益に過ぎず、また後者の増大によって前者も増大するが如き相互補完関係が成り立つわけでもない。まして高架道路は、沿道居住者特にその出入口に遠い居住者にとっては何らの利益ももたらさない。幹線道路は、国民全体から見れば、そのごく一部に過ぎない沿道居住者の犠牲の上に供用されているのである。

四、公共性が高ければ高いほど、これによって被害を受ける犠牲者を国民全体の負担をもって補完する（損害賠償、慰謝料等）ことこそ衡平を全うする所以である。当然、実施すべき公害防止対策を怠り、事業の公共性を楯に、被害の受忍を強要するとなれば、重大な瑕疵というよりは、むしろ故意を以て為すと言わざるを得ない。

五、公共性に基づく利益衡量より考えて、道路の使用差止めが容易でないことは理解できるが、被害源が個人であれ道路であれ、そのレベルが同じなら、同一地域においては共通的被害の程度も、住民の受忍限度も、原則的に同じである。発生源や音の性質等により、精神的寛容度に若干の差を生じることはあり得るが、公共性が高いから被害が少ないという理由は成り立たない。但し実施可能な最高の被害防止対策を実施しても、なお防止し得ないものについては、ある程度、精神的寛容度が高められる可能性がある。

六、以上に鑑み、被申請人（国）は、公共性を主張する前に、先ず、自ら可能な限りの被害防止対策を実施すると共に、東京都や首都高速道路公団に、これを実施するよう指導すべきである。後文　申請人（住民）らは、被申請人（国）の、総論一点張りの高慢極まる姿勢が、国民感情に多大な影響を及ぼすことは必至であり、今後の道路建設に対して、住民のかたくなな拒否をさそうであろうことを懸念する。

申請人（住民）らは、被申請人（国）が、道路利用と沿道居住者の生活の両立を図ることを真剣に考慮し、後者のいけにえを以って公共性を貫くが如き沿道環境無視の道路企画を反省し、先進文化国家的道路政策を推進されることを、強く望むものである。

上馬交差点付近道路公害問題の結果昭和六十二年五月、上馬交差点付近の道路公害について、二四六号線の管理者建設省と、環状七号線の管理者東京都、それに高速三号線の管理者首都高速道路公団を相手に、一三三名の住民が、公害等調整委員会に、責任裁定を申請した事件は、平成元年二月二三日、防音壁設置等の騒音低減対策を実施する等の条件で調停が成立した。

この申請は「公共事業といえども個人の生活上の権利を脅かしてはならない」と言う基本理念に立っている。損害賠償乃至慰謝料請求は放棄することになったが、いくばくかの賠償金を取るよりも、地域の実情に即し、実施可能な対策を施して、将来に対し、少しでも静かな生活を取り戻すことに価値があるとの判断である。そこで、実施可能な対策にはどんなものがあるか。苦情をいうのはやさしいが、具体的にどうすればよいかということになると、大変難しい。全国規模での交通網の問題、道路構造の問題、自動車産業界の技術的政策的問題等極めて広範な問題にまで及ぶことになる。幸いにして、公害等調整委員会のもっている、広範な自由裁量権を、フルに活用してもらい、ベストな、またよりベターな方策を捻出することに後半が使われた。私ども申請人にとっては、１００パーセント満足の行くものには至らなかったが、申請より一年十か月の期間でどうにか調停成立に至ったことは、まずまずの成果と受け止めている。

調停に至った大きな要素は、首都高速三号線の当該地域内一〇〇〇米に及ぶ防音壁の設置である。その付帯条件に、地域の環境美化に貢献する—があり、また高架橋脚の塗装も含まれている。そのほか、二四六号線、環状七号線では、道路のアンダーパス部分の防音、中央分離帯の防音効果、車歩道間の不良緑地帯に替わる、新しい発想に基づいた防音壁設置を含む緑地帯部分の活用、高架橋ジョイントの防震など、いくつかの調査研究の約束がなされた。

1　首都高速三号線の両側一二〇〇米にわたり高さ二米の防音壁を設置する（一部は透光性パネル使用）こと。その付帯条件に、当該地域の環境美化に貢献する―があり、高架橋脚の塗装も含まれている。高架橋のジョイント部分の防震などの調査研究をする。

2　環状七号線の約五〇〇米区間で、二～三年後の道路改修時に低騒音用舗装を試験的に実施する。

3　国（建設省）と都は、幹線道路のアンダーパス部分の防音、中央分離帯等の防音壁設置、車歩道間の不良緑地帯に替わって新しく発想転換されたニューデザインの防音壁の設置と、緑地帯部分の新しい活用などの調査研究を進める。

4　国道二四六号線、首都高速三号線には沿道整備法の指定を行なうよう推進する。

5　住宅防音工事の助成については、住民に周知徹底を図りその適切な実施に努めるなど

しかし大きな心残りは、首都高速三号線の高架下、即ち二四六号線の天井部分に吸音式パネルを付設する約束が、できなかったことである。

しかし、最近では、至る処の首都高速道路の下の、改修工事が行われ、私たちの主張が実現されている。

申請印紙費用は総額で六万円程。書面による激しい論争も、弁護士ぬきで、素人の私たちで

やり抜いた。道路公害については、その管理者は勿論の事、沿道住民ですら、仕方のない事だと諦めている傾向にある。自分たちの環境は自分たちで守り育てるという積極的な姿勢こそ、世の中をよくする基本である。今回の申請を通じて、その事を強く感じた次第である。

O線問題の経緯（都市の中の鉄道）

O電鉄における公共輸送形態の変遷O電鉄が開設した鉄道軌道敷は、昭和三七年頃までは踏切の遮断機が設置されない箇所もあり、路面電車と同じようなものであった。

昭和三七年以降、踏切の設置が完了した時点で、軌道敷の占有性がほぼ完成された鉄道になった。踏切により他の交通ならびに人らの侵入を禁じることを法律で保護されたのである。

昭和四五年に代々木上原駅周辺、同四六年には環状八号線周辺で、高架による立体交差化工事を行ったことにより、ほぼ管制された鉄道軌道敷から完全に管制された公共輸送形態の実現を一歩進めた形にはなったが、さらに東北沢～新百合ケ丘駅間の立体交差を計画・事業中である。現在、沿線住民の多くが、O電鉄の進めている公共輸送形態の管制下により、庭あるいは居間・玄関等を供用することを求められているが、このようなことは都市環境をさらに悪化させるため、住民らはそれを阻止するための行動を起こし、すでに三十年余になんなんとしている。都市計画は、その多くが土地の収用を伴うものであり、人間の権利に深く関わりを持ち、なおかつ国の未来を左右し、自然環境に重大な影響を及ぼさざる得ない面も持ち合わせている。そうなると、裁判をおこしたり裁定を求めたりすることでしか都市計画に対する考え方を述べる場所がない。この現実を知ると、暗澹たる思いになるのを禁じ得ないのである。

環境教育の重要性を訴える・一九八三年文部大臣宅
O線問題で陳情・一九九三年首相官邸

O線騒音被害等責任裁定申請

『鉄道事業の社会的有用性については、これを否定するものではありませんが、沿線居住者の生活上の犠牲の上に供用されることは、公平の原則に反するばかりでなく、文明社会としてもあるまじき姿であります。その公共性が高いほど、国民全体の負担を以って賄うことが衡平を確保する所以と考えます。今や、我が国の経済的能力と技術水準は、個々人の被害をクリアーしつつ、公共性との共存を可能にしております。

この委員会の場で、対決としてではなく、「後世に悔いのない小田急線であってほしい」こんな願いを込めて、過去における正当な賠償を求めると共に、将来に対し、実施可能な最高の対

公害等調整委員会による騒音等の測定

策をとられることを小田急電鉄株式会社に期待し、責任裁定の申請に踏みきったのでございます。

以上よろしくお汲み取り下さいまして、公正なる裁定をお願い致します』

これは、平成四年五月、国の公害等調整委員会へ小田急線沿線住民三二五名の代理人として私が、小田急線沿線の騒音等の被害の責任裁定を求め申請をした際、第一回目の審問で陳述したものである。

この裁定事件は、平成十年七月に裁定が下り、一部三十四人の住民の被害が認められた。

私が昭和五十一年より「静穏権」を市民権として確立するそのための環境運動を行っていたその頃、O線の沿線住民がO線の地下化を提唱し、熱心にその運動をしていることを知った。当時、地下化は理想としては理解できるものの、現実には費用や技術の面で大変無理のように思われたのであったが、先を見越した彼らの真剣さに感銘し、私もこの運動に共鳴するようになった。

そもそも、O線の複々線化は、まだ戦争の傷跡があちこちに残っていた昭和三〇年代に計画がなされ、三九年に計画決定されたものである。

地下化の運動は、この昭和三九年、東京都によって「O線の東北沢駅より和泉多摩川駅間を下北沢と成城学園前は平面、その他は高架」とする都市計画の発表がなされた時点に遡る。昭和四五年と四八年には世田谷区議会が地下化の要望を関係機関に行い、世田谷区長を初め、地元の国会議員や都会議員も党派を越えて地下化を推進していた。

私がこの責任裁定の申請を出すに至った動機は、平成に入り急激に具体化してきた小田急線の高架化の動きの中で、事業主体者である東京都とO電鉄株式会社が提示した調査報告「環境影響評価書案」を見て、これはひどいと思った時に始まる。

その調査は、O線の成城学園前駅と喜多見駅の中間点から梅が丘駅東端までの一〇地点を選び、平成二年三月二十七日、二十八日、三十日、四月一日、二日、平成三年一月二十八日に、「新幹線鉄道騒音に係る環境基準について」に準拠して行われて騒音測定調査で、平成三年十一月に「環境影響評価書案─小田急小田原線（喜多見〜梅が丘駅付近間）複々線・連続立体交差事業─」として報告されたものである。

私は、この測定値を見る限り当該沿線の被害は相当深刻であると判断し、沿線住民の被害感を強く受け止めたのである。

平成三年、東京都と小田急電鉄による事業計画素案説明会が、沿線の小学校数か所で行われた。成城学園前の部分が当初の計画を変更して地下に、他は高架というものだった。説明会はどこの会場も超満員で熱気にあふれ、その殆どは高架反対地下化を！　というものだった。砧区民会館で行われた公聴会は、二七人の意見者中、地下化が二六人高架は一人だった。

私が「環境影響評価者案」を閲覧して、真っ先に思ったことは、「これは新幹線よりすごい被害！」ということだった。この上高架にして被害を拡大してよいものだろうか。先ずは現在の被害を訴えることが必要だ！　そこで私は、国の公害等調整委員会に相談することを、一連の住民集会で提案したのである。

公害等調整委員会の裁定審査の中で、委員会は「各申請人の騒音被害の程度を判断するために」委員会独自の被害調査を行い、その結果は、「小田急線騒音被害等に係る実態調査報告書（平成六年十月　財団法人　小林理学研究所）」にまとめられている。

この測定は、午前九時〜十二時半と午後十三時半〜十七時のいずれかの時間帯で行い、上下合わせて少なくとも一〇〇本以上の電車を対象に測定された。

この測定騒音の評価値は「騒音レベルのピーク平均値 LAmax（全列車の平均値と新幹線方式に準じた評価値）」、「等価騒音レベル LAeq.24h」、及び「昼夜平均騒音レベル Ldn」の三つである。

地域環境騒音測定評価値は、学者によりいろいろな評価値が用いられていたが、最近はほぼ等価騒音レベルが一般に使われている。しかし、道路公害と違って、一定時間運行されない鉄道においては二四時間の等価騒音は適切ではない。二〇時間か、環境庁が設定した「在来線鉄道の新設又は大規模改良に際しての指針」で示された様に、昼間と夜間とを区別するのが適切である。

ともあれ、公調委の測定は「等価騒音レベル二四時間」で出された。

平成七年十二月、環境庁は「在来線鉄道の新設又は大規模改良に際しての指針」を設定し、「新線は『等価騒音レベル（Laeq）として、昼間（七～二二時）については六〇db（A）以下、夜間（二二時～翌日七時）については五五db（A）以下とする。なお、住居専用地域等住居環境を保護すべき地域にあっては一層の低減に努めること』、大規模改良線は『騒音レベルの状況を改良前より改善すること』」とした。

この、国の設定した指針は、鉄道事業者の最低遵守すべきレベルであり、これ以上のレベルの騒音であれば、速やかに差し止められなければならない。私は、この時点で裁定への自信を持った。

また、多少でも環境を損なう事業活動は、地域住民全員の同意がなければ、一切行えないという硬直した考えを持つものでもない。ただ、「東海道新幹線名古屋訴訟」と同規模の、あるいはそれを上回る被害の現実に真摯に取り組んだだけのことである。だからといって、それだけに固執するのではなく将来に対し有益な成果をもたらすことも考えねばならない。損害賠償の金額は、一律で且つ低額で形式的であったにもかかわらず和解したのは、事業者がその鉄道事業の経営に当たり、沿線住民と真摯に話し合い、将来に対し良い環境の維持の為に実施可能な最善な対策を取ることを期待したからであった。準備書面の作成、行動費等は、全てボランティアであった。専門家等に依頼することは、一切しなかった。

残念な出来事

東京都が、この事業に対する意見を広く住民に求めたときのことである。平成四年一月二十七日がその提出締切日であった。六月八日、世田谷区議会において川瀬助役が、意見の七割が、高架促進であったと説明した。七月十七日、住民は、意見書の開示を東京都に求めた。平成六年一月十三日に至って、東京都の公文書開示審査会は、意見者の住所、氏名を削除して公開すべきであると答申した。同二月、公開された意見書を分析してみると、総数は一五四四通で、そのうち約五〇〇通が締切日の平成四年一月二十七日に提出されていた。しかも、その内の四六六通は、同一な人の手に依るものであった。

事業者によって科学的、客観的に判断するという環境アセスメントの結果にも、虞れをいだくものである。例えば、「振動は、高架後の予測値の方が現況より小さくなる」との結論を出している。しかし、その数値を見ると逆であった。

責任裁定申請の意味するもの

被申請人（小田急電鉄）は、昭和二年より管理鉄道において旅客運送業を行ってきた。昭和三二年頃より車両のスピードアップ、増発、営業時間の延長などを図ってきた。これらによって被申請人は、騒音、振動及び鉄粉塵等の被害を発生させ、また開かずの踏切付近の道路の交通渋滞をひきおこし、申請人らの静穏な日常生活を侵害し、その健康に対しても被害を与えている。

申請人らの被害及び因果関係

被申請人（小田急電鉄）の鉄道管理の怠慢により、申請人らは、睡眠が妨げられ、日常生活における会話や電話、テレビ、ラジオ等の聴取りにも不自由で、不快感、不安感いらいら等を感ずることが甚だしく、いわゆる生活妨害を蒙っている。また屋根瓦のずれ、タイルのひびわれ、ドアのゆがみ、敷居の沈下、壁と柱の間の隙間の発生等の被害も蒙っている。また洗濯物や窓ガラス、屋根、外壁の汚染も甚だしい。

被申請人らの管理怠慢による過大な騒音・振動及び、鉄粉塵等によって申請人らが蒙っている被害は、社会通念上の受忍限度をこえており、違法であることは明白である。

申請人らが蒙っている被害の内容については、被申請人としても、充分に、承知している筈である。にも拘らず、複々線化・立体交差化事業に当たっては、申請人らが、これ以上被害の拡大を受けないよう、「地下形式」による事業を熱望しているにも拘らず、強引に「高架形式」を強行しようとしている。

申請人らは、過去幾度となく、被害の実態等を被申請人らに訴え、複々線化・立体交差化事業に際しては、環境保全の立場から「地下形式」で行うよう申し入れを行ってきた。これに対し、被申請人は被害の救済に応じようとしないばかりか「高架化」を固執し、被害の拡大を図っている。

全線地下化が理想ではあるが、現在の被害を、可及的速やかに軽減する措置は、複々線化事業を、特急・急行路線等の複線を地下化することによって実現することが出来るのである。

我が国のシールド工法は、ここ数年、格段の技術の進歩によって、世界最高のレベルにあり、工期、工事費、工事過程等、すべての点において、高架工事のそれに比べ、格段に優位性を持っている。何故に、今以上の被害拡大必至である高架化を強行しようとするのか。この不可解な被害拡大を来す高架複々線化・立体交差化事業に憤慨し、茲に、責任裁定を求める申請に踏み切った次第である。

小田急線問題の責任裁定

一九九八年（平成十年）七月二十四日、国の公害等調整委員会は六年間に二十七回の審問を行って裁定を下した。その間、委員会は各申請人の騒音と振動の被害の程度を判定するため、申請人二戸ごとに騒音・振動調査を行った。

裁定は、この騒音調査によって認定された、屋外の二十四時間等価騒音レベル70デシベル以上の申請人三十四人に対し一人当たり十四万四千円から三十一万八千円、総額九五六万三千四百円の支払いを小田急電鉄に求めたものである。

六年前の平成四年、私は小田急線の沿線住民（南新宿から成城学園前までの）三二〇余人の代理人となって、国の公害等調整委員会に小田急電鉄株式会社に対して騒音被害等の賠償を求めて責任裁定の申請を行った。それは、平成三年、東京都と小田急電鉄が梅ヶ丘――喜多見駅間六・四キロの複々線化を成城学園前を除くすべてを高架化によって行うことを示したことにはじまった。それまで地下化を希望することで、被害を我慢してきた沿線住民の怒りの爆発といってよいだろう。

しかし、当初は、この裁定申請や公害等調整委員会を理解できない人々から、いろいろな反対や、嫌がらせがあったのである。「国が本気で住民の苦しみを理解するはずがない。玄関払にされるが関の山だ」「住民の勢力を分断するものだ」「金を要求するとはケシカラン」など、その誹謗中傷は、今思い出すと懐かしい感さえする。何故ならば、その批判勢力が、裁定が下りる直前には、この申請に賛成し、同調のアピールをしたからである。

この六年間、住民は東京都や建設省、運輸省、世田谷区、環境庁、審議会の委員など各方面へ出向き、鉄道沿線被害について陳情・要請を行った。夏の炎天下、また寒風吹きすさぶ厳寒のなかを東奔西走した。

環境庁に対して行った「在来鉄道騒音の環境基準制定の要望」は、平成七年十二月、「在来鉄道の新設又は大規模改良に際しての指針の制定」という形になったが、このことは、大きな収穫といえる。

裁定が示した受忍限度二十四時間等価騒音レベル七十デシベルは、沿線住民の受忍感とは大きな隔たりがある。住民が納得出来るレベルを一定の数値できめつけることは甚だ難しい。平面構造や高架構造での防音壁や、その他いろいろな対策を施したとしても果たしてどれほど住民の被害感が解消されるだろうか。

この事業計画がなされた昭和三十年代ならまだしも、今や我が国の技術と経済力はあらゆる壁をぶち破って不可能を可能にしている。

高架に比べて三倍はかかるといわれた地下化のコストは、今や同額かそれ以下といわれる。やりようによっては、例えば各駅を必要としない特急と急行線だけを地下にして複々線化を画れば、工事費は極端に少なくて済む。地下鉄のコストが高い理由は、高架駅舎建設に比べて、地下駅建設費が極端に高くつくためであるから、各駅が要らない特急や急行線は、工事費が安くなるわけである。そして開かずの踏み切り解消、遠隔地からのスピードアップや深夜輸送も可能になる。何故に、住民の期待を裏切ってまで、古い計画を無理矢理実行しようとするのか。

ここには鉄道事業公共性を楯に犠牲を強いて当然とする前近代的体質がこびり付いている。成熟した社会の先進国的感覚が無い。

この観点に立てば、この度の裁定が意味するものは大きい。即ち、公共事業といえども個々を犠牲にすることへの姿勢を諌めている。公共事業者の意識革命を促したという解釈が出来るとするならば、この裁定の意義は、極めて大きい。

この裁定に先立ち本年四月に、委員会は職権による調停案を示した。その概要は、次のようになっている。

一、小田急電鉄に対し、申請区間に於ける沿線住民の健康と環境保全の対策として道床関係、レール関係、車輌関係、運行関係、踏切警報等関係、その他遮音板の設置等について細かく要求。

二、梅ヶ丘駅から喜多見駅間の大規模改良工事においては、平成十六年末までにその他の区間の今後の大規模改良工事についても、二十四時間の等価騒音レベルを、六十五デシベル以下とすること。

三、二十四時間の等価騒音レベル六十八デシベル以上の申請人七十七人・四十七戸に対して住民対策の環境保全協力費として三十万円から百万円を支払うこと。

四、当該地域の環境保全協力費二千万円を出資し、申請人と小田急電鉄異双方から選定した者及びそれぞれが推薦した学識経験者を以って構成した「小田急線環境保全協議会」を設置すること。

この調停案を、三百二十人の申請人の内七十九人と小田急電鉄が受け入れ、現在協議会が進行中である。

住民側の代表としては、下北沢の師勝夫氏、梅ヶ丘の久米光夫氏、経堂の佐野正平氏を、学識経験者としては小田急側から成城大学の岡田清氏、住民側から工学博士の荘美知子氏をそれぞれ選定し、以上が協議会の構成メンバーとなっている。

市民運動の総括

住民運動は、清廉潔白を旨として正義の旗印の下、市民としての連帯の意識をもって、共通の社会問題に取り組むことである。救済運動でも、一人のスタンドプレーでもない。その発端は、被害を受けたことであってもよい、その被害を社会問題に昇華させていく過程である。やたらと卑屈な態度でぐちをこぼしたり、感情的に相手をののしったりしていたのでは、いつまでたっても問題の解決にはならない。甘えたがりの心も禁物である。自分の問題だけ解決させようとする自己中心性も、相手や第三者の理解を取り付けることは出来ない。「自分たちの主張は、正しい基本理念なのだ」と自分自身がしっかりと意識し、それを自分の中に受け止めることが何よりも大切なことである。信念と勇気をもって、相手や世の中に訴え、説得することである。市民としての意識の確立はここにある。

また、「問題を解決してあげる」とか「解決してやった」などという傲慢性は、自ら市民意識の低劣さを示すものである。

1980年　日米民間環境会議

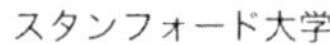

スタンフォード大学

ローランド・クレメント会長と

市民運動は自己宣伝ではない、問題の解決そのものは副次的なものである。一生懸命に問題に取り組み、足りないところをお互いに補い合い、助け合いながらやっていく、その後は、結果がどうであれ、やり通した清々しさが残る。

市民運動には、先輩後輩の関係や、上下の関係はない、新しい仲間は新風を吹き込むエネルギーとして歓迎する。むしろ新人の意見を重要視する方が運動としての活性化につながるのである。

市民運動を始める動機は、人それぞれに異なっていよう。どんな動機であろうと、それを、個人の問題から社会の問題へととらえ直し、その輪を拡げていこうとする努力は、大切な市民の義務でもあると思う。殉教という言葉は当てはまらないかもしれないが、自己の受けた被害やダメージを、自分に課せられた使命と考えようではないか。

一九八〇年、私はカリフォルニアで開かれた第一回日米民間環境会議（日本側団長安達清夫、米国側団長ローランド・クレメント）に参加した。米国のメンバーは、法律家、弁護士、教師、役人、銀行員、商店主などさまざまであったが、塗装業の彼は、妻と生まれて数か月の赤ちゃんを連れて、のシエラネバダのヨセミテ国立公園のエクスカージョンにわれわれの案内に参加してくれた。彼らは皆同じ仲間意識で、環境会議のボランティア活動を誇りにしている様子だった。成熟した社会の市民運動の姿がそこにあった。

いろいろな社会問題に目を向け、その問題を指摘する市民運動に参加することは市民としてのライセンスだと私はつくづく思った。

ところで長い間運動に携わっていると、いろいろな多くの人との出会いがある。私は誰にでもすぐ気を許してしまう。一生懸命動く人には素直に感謝感激する。しかし中には気の毒な「癖」をもち、それが目的でよく動く人が居ることを知った。それを感知したとき、私は全くパニックに陥った。信頼していただけにその時の絶望は大きかった。何もする気力を失った。しかし冷静になるにつれ、その原因は自分自身にあるのだと気付いた。

「こんなに皆の為に尽している」という思い上がりがあったのだと。私は、まだまだ人間の修養が足りない。ここらで落ち着いて自己改革をしなければならない。小田急線問題は、かくして裁定が下りたのを契機に私は降板することに決めた。そして、次のような挨拶文を全申請人に送ったのである。

私こと宮川輝子は平成四年五月、小田急線の騒音等による沿線住民の被害の責任を求めて、国の公害等調整委員会へ、皆さま三百二十余人の代理人として裁定の申請をいたしました。爾来、今日まで六年余の間、私は私なりに精一杯沿線住民の被害を懸命に訴えて来た積もりでございます。

この間、委員会では各戸における騒音と振動の調査を綿密に行いました。そして、改めて沿線の被害の実態が明らかにされたのであります。

さて本日、裁定が出されました。これで小田急電鉄の責任が明らかになったのでありますが、皆さまには、大変ご不満な内容であろうと存じます。私は自分の無力さを痛感しております。

しかし、裁定は裁定として、現実に受け止めなければなりません。今後は、この裁定の対処について、皆さま、お一人お一人が、真剣にお考え戴くことになります。

この裁定を「良し」とするか、或いは新しいお仲間と共に「不服として引き続き生活の静穏権確立をめざし闘い続ける」かは、皆さま、お一人お一人のご意志でございます。どうぞ皆さま、ご家族、ご近所の方々とよくよくお話合い下さいまして、ご判断戴きたく存じます。

不服とする場合は、三十日以内の八月二十四日までに、東京地方裁判所へ提訴しなければなりません。優秀な弁護士の方々がスタンバイされております。その着手金や事務費等は、これまでバザー等で蓄えて参りました二百三十万円を当てることに致しますが、訴訟印紙代は、各自で負担することになります。

国民一人ひとりの自覚と見識が社会を正します。来たる二十一世紀を前にして、毅然とした

ご決断を期待するものでございます。

最後に、至らなかった私を、長いことお支え下さいました皆さまに対し、心から厚く厚く御

礼申し上げます。

平成十年七月二十四日

小田急線騒音被害等責任裁定申請人ら代理人　宮川輝子

申請人の皆々様

あら玉の年たちかえりておもう　来し六年を　小田急線の裁定下りて

肩の荷軽くなれど　いとおしさわが身を覆い　しばし一人ねぎらう

平成十一年　元旦　輝子

豊かさとは

戦後のめざましい経済発展は、私たちに物質的な多くの富をもたらした。今では家庭の中や町には、便利な物が満ち溢れている。

日本の対外純資産の残高は、一九九四年の時点で、四年連続世界一である。国内総生産も、米国に匹敵する世界一～二位であるといわれている。私たちは、本当に豊かなのであろうか。海外の圧力もあって、内需拡大へシフトされる傾向にあり、国内向け公共事業が、活発化してきたことも事実である。しかし、この内需拡大は公共事業の美名のもとに、やたらに従来型の公共投資がなされていないだろうか。

二十一世紀さらに二十二世紀まで見据えた長期的ビジョンで、衆知を集めて、豊かなマスタープランが為されなければならない。

豊かさとはやさしさでもある。高齢者、障害者、幼児などいわゆる社会的弱者の立場に立った視点でのビジョンが大切である。公園、緑地など、人々に安らぎとくつろぎを与えるいこいの空間の増大・確保も重要である。環境問題は政治・行政のド真ん中にすえられねばならない。

今までのバブル経済の下では、このような投資はおろそかにされて来た。今こそ、日本は、見かけだけの国内総生産や、対外純資産残高の多さにうつつをぬかすような貧しさを捨て、真の豊かな国づくりをめざさねばならない。従来の心貧しき人々によるバブル経済大国とさよならしようではないか。

この二十余年間、基本的人権を大切にすることを旗印に、静穏権の確立をめざし、コツコツとさまざまな問題にチャレンジし努力して来た私たちの役割は、決してムダではなく、大変貴重なものであったと自負している。

ＪＯＣの臨界事故（一九九九年九月三十日）

「私は原子力委員をしておりますが、あんなに安全だ、安全だといっていたのに、こんなことになって！」

ＴＶの昼のワイドショーを見るともなく聞いていた私の耳に、聞きなれた甘ったるい声が飛び込んできた。思わず我が耳をうたぐって、ＴＶの画面に釘付けになった。

「これだ！　事故の根本原因はこれなんだ！」私は確信した。折悪しくその時外から電話がかかって来て、ＴＶの前を離れざるを得ず、それが又拒めない大事な話であったので、その後のトークが聞かれなかったが、番組を見ていた人の話によると、「いろいろ対策を取っていますからもう大丈夫です」といっていたという。

「原子力は安全だ」ということが、いつ、何処から出されたものであるのかは定かでないが、大分前からいわれていた。科学技術庁の長官をしていた元女優で美人の国会議員は、その当時盛んに「原子力は安全なんです！」と事ある毎に言っていた。その自信に満ちた御説には呆れるやら感心するやらしたのを覚えている。

小学生でも、少し真面目に勉強をしている子供なら、「原子力は危険」であることぐらいは、知っている。と思ったら、何と小学校では原子力は安全だと教えているという。

今回の事故は、なにもＪＣＯだけの問題ではない。日本国民すべてに問題がある。「原子力」の危険性について、国民も行政もいかに無知であることか。いい加減で無責任きわまる。

ダイナマイト等の火薬や青酸カリなどの劇薬に対しては、一般に危険であると認識し注意を怠らないようにしていても、その何百倍・何千倍も危険な放射能やウランに関しては、全くの無防備のように見えるのは一体どうした訳なのであろうか。「原子力安全神話」を国民に徹底ＰＲする日本の「原子力政策」は、国民に対して無責任すぎるし、むしろ国民を愚弄しているとも思えてしまう。

ゆるされない軽い発言

ＴＶのワイドショーでの、原子力委員の発言に代表されるように、原子力について、最も精進していなければならない、国の原子力委員からして、あまりにも単純に「原子力は安全である」との認識をもっているから、あのような軽い発言となって出てくるのである。

国は意図的に「原子力委員」を「原子力は安全である」という認識へのＰＲ担当マンとして、利用しているのであろうか。

ともあれ、少なくともわれわれ国民は、国の審議会や委員会のメンバーは、相当な専門知識を持っており、ある程度勉強しているご仁であると思っている。

「原子力は、貴重なエネルギー資源である。クリーンでコストも安い。しかし危険である」この基本的な定義を忘れてはならない。

クリーンであるが一旦事故をおこせば、いかに恐ろしい環境破壊に至るかを今回の事故は、教えてくれたのである。欧米先進国が、原子力依存を年々低減していく中で、我が国は危険な原子力に頼らなければならない事情がある。だからこそ、その完全性には特段の対策と注意が不可欠なのである。

能率と効率を最優先しなければならなかった過去の貧しい我が国ではあったが、文化・技術などの面で世界に認められる為にも、今回の事故は、過去の悪い「長いものにはまかれろ」「くさいものにはフタをしろ」の国民性を拭い去る大きなチャンスであると思う。

先ずは、人間を大切にするという基本。防護服すら装備されていなかったウラン取り扱い事業所のお粗末さ。普通の作業服のままで、冷却水を抜き取り作業をしている従業員を防護服で身を固めて作業を見守る上司や役員の映像は、日本の大企業の現場の従業員の人権軽視（JCOというと、なにやら訳の分からない新しい企業のような印象を与えるが、実際は100％出資の住友金属の子会社である）、冷血ともいえる経営体質を浮き彫りにしているようで、悲しかった。

原子力発電所であろうが、燃料を作る工場であろうが、原子力、ウランを扱う仕事に、危険の大小は無い。原子力、ウランに対して危険性があるという基本に変わりはない。無知、無関心、無責任の愚かさ、人間よりも優先する効率、能率性。これら私たち日本社会が通ってきた長い道を、今こそ一人一人が自己の言動に責任を持ち、人間生活優先の「豊かな道づくり」に変革しなければならないことを、今回の臨界事故は教えてくれるのである。（一九九九年）

（以上の文は、一九九九年九月三十日に起きた事故の直後書いたものである。十五年を経た現時点でも十分に通用する文であることに改めて驚いている。）

信頼性のある委員会でありますように

やらせメールなどは、何も今更始まったものではありません。二十年ほど前、私たちも経験したことです。当時はｅメールではありませんが、ある鉄道の複々線化に対する住民の意見を求めるアンケート調査がなされたが、その殆どが推進派の意見になっていました。そのアンケート用紙の開示を求めたところ、氏名・住所を黒く塗りつぶされたコピーが開示されたのですが、その殆どは、筆跡からも内容からも同一人が作成したことが明らかな物でした。そこで、住民が、第三者委員会にその不正に作成されていることを訴えたのですが、「故意に作成されていない」と、素気無く回答されてしまいました。その委員会には、ＮＨＫのおばさんタレントＧも居ました。彼女は、ユーザーの視点から環境、エネルギー、まちづくり、交通、情報化、高齢化、ライフスタイルなどいろいろな審議会や委員会に名を連ねているはずですが、イメージとは全く異なった傲慢そのものの態度でした。仮面をかぶった委員はお断りです。真剣に、課題に取り組む姿勢を持つ人物を望みます。

安全対策が皆無であった原発

原発の安全とは、一にも二にも、その安全対策如何であります。何故ならば、原子力そのものは、危険この上もない物であるからであります。安全対策が万全である……とはどんなことか。それは、不慮時に備えた普段からの不断の点検と訓練でありましょう。線量計は所員全員にいきわたっているか。

防御作業服の点検。ロボットによる作業訓練、消火装置、予備電源、等の点検。原発内での日常の仕事は、これ等のことが全てだといっても過言ではありません。素人の私が、ざっと考えただけでもこれ等のことぐらいは分かる。専門的には、マダマダ大変な項目があることであろう。又、原発の設置を受け入れた地域の首長・知事、市長、町長等は、常にこれ等安全対策の点検や訓練等の監視と要請を不断に原発に対し行って来たか、行っているか。事故が起きてから、被害者面をして、国や企業に激しく非難する首長たち。彼らは、普段から不断の安全点検やその訓練等の監視を行ってきたのだろうか。

何を根拠に「原発は安全だ」と断言し続けて来たのだろう。原発の安全は、津波対策でも地震対策でもありません。原発の安全は、これ等の安全対策に対する普段からの不断の点検と訓練であります。

無能無策であった原子力安全委員会

日本原子力安全委員会の存在は、いったい何だったのでしょう。この度の福島原発事故では、日本原子力安全委員会は、何処よりも、何よりも迅速に、原子力の専門家として、的確に、誠実に行動し、対策と指示、勧告等を行わなければならない立場にあったはずです。官邸で「○○はゼロではない」等と日和見的などうのこうのと理屈を言っている場合ではなかった。真っ先に現場に駆けつけて、東電の現場と意見を交換しながら迅速、的確な対策と意見を、官邸に伝え官邸の決断をリードしなければならなかったはずです。それが、原子力安全委員会の責務であり、存在そのものなのです。それが出来ない『委員会』であるならば、無用の長物、邪魔であるだけです。原子力安全委員会の記者会見での「私は何だったんでしょう」との委員長の発言は、当に名言！「アナタは無用の長物でした。むしろ、居なかった方がその後の対応がスムーズに行われたのではないでしょうか。」

彼等は体を張ってでも「おっさん」や「坊や」らの暴走を阻止するべきではなかったのか。素人の閣僚に成り代わって国としての指揮を執る為に存在していたのではなかったのか。

原子力安全委員会に限らず、委員会とか審議会の中には、むしろ居ない方が、無い方がよいような名誉欲だけの無能な輩が多く存在している。全く税金の無駄遣いである。

多くの学者は自己の追求する研究事象に対し誠実で謙虚なものですが、中には、学者の権威を振りかざし、名誉欲や自己顕示欲だけの者がいます。無能な学者ほどその傾向が強く、専門的知識に乏しいマスコミや社会を手玉に無責任に社会に君臨している。NHKのタレントGの高慢と無能さを私は目の当りにしている。

宇宙ロケットに関していえば、何もI氏の功績でないことぐらい、少し常識の有る者であればわかることであります。宇宙ロケットの範は、ナチスドイツの大陸間弾道ミサイルV2であります。ソヴィエトのソユーズ宇宙ロケットもアメリカのアポロ宇宙ロケットもドイツの科学者たちの力を最大限に活用して成功したものであります。

公共の福祉と静穏権

日本国憲法第十三条に「すべて国民は、個人として尊重される。生命、自由及び幸福追求に対する国民の権利については、公共の福祉に反しない限り、立法その他の国政の上で、最大の尊重を必要とする」とあります。一体、公共の福祉とは、どんなものなのでしょうか。それは、一部の人にだけでなく、多くの人々にとって、大切なものでなければならないはずです。多くの人々にとって大切なもの、それは、個人にとっても大切なものでなければなりません。それが公共性なのであります。

家の軒先すれすれに轟音を響かせて走る列車は、誰にとっても苦痛でありましょう。窓の外を、排気ガスを吐き、騒音をまきちらし振動を轟かせて行交う自動車も、頭の上を轟音を響かせて家をゆさぶる飛行機も、誰しも歓迎はしないでしょう。であれば、これらは公共の福祉といえるでしょうか。

クーラーで涼む快適さと、シャワーを浴び木蔭で涼む快適さのどちらをとるかは、個人によってその選択が異なります。だとするとクーラーによる事の公共性はあやしくなりますが、ビルの建ち並ぶオフィス街では、クーラーによる快適さに、公共性が帯びて来ます。

公共性を主張するものの代表として、交通機関や電源開発、教育施設などがあります。これまで、これらの事業は、公共性の名の下に、その機能性のみを重視し、周辺に及ぼすさまざまな弊害を無視してきたことは否めません。周辺対策は、経費がかさむという理由も挙げられてきました。

1981年　日本教育会館

公共事業は公共性を大切にすればするほど、公共の福祉と真っ向から対立することになります。まさに、公共事業と、公共性とは、全く異ったものであることを、認めないわけにはいきません。公共事業の名の下に、公共性を踏みにじってはならないのであります。公共事業だからこそ、公共事業ほど、この公共性を大切にしなければならないのであります。東の秋田、西の長崎といわれる、いわゆる周辺公害対策を考慮した空港計画は、まさに真の公共事業にふさわしい、代表的事業といえましょう。

周辺住民に及ぼす弊害や、自然環境―これも皆にとって大切なもの―の破壊を最小限に食い止める配慮は、今後の公共事業、否、あらゆる事業に課せられた重大な責務なのであります。

公害対策基本法第十一条に「政府は、公害を防止するため、土地利用に関し、必要な規制の措置を講ずるとともに、公害が著しいまたは著しくなるおそれがある地域について、公害の原因となる施設の設置を規制する措置を講じなければならない」とあります。

きれいな空気と静けさは、我々人間にとって、大切なものであります。多くの人にとっても、個人にとっても大切なこの公共性を、私たちはもっと大切に考えなければなりません。静穏権は、この公共の福祉そのものなのであります。

老人の世話について

長寿社会を謳歌している私たちは、今、かつて経験したことのない老齢化社会の深刻な現実に直面している。それは私たちが好むと好まざるとにかかわらず、「老い」が避けられない現実だからである。

「家の者の厄介にはならないヨ」とはよく聞く話であるけれども、いざ実際に自分で自分の事が出来なくなってしまうとどうだろうか。やはり、周りの人達の力を借りて生活していかなければならない状況になるであろう。

一方で、「老人の世話は大変なもの」という思い込みが、老齢化社会の老人介護問題の解決を困難にしている。老人の世話は、私たち人の子として育児と同様に「当然しなくてはならない事」という大前提が必要なのではないだろうか。

私は、平成元年三月、母の最期を看取った。昭和四十五年、父が他界してから、母はずっと一人暮らしだった。気丈な母は、一度も独居のさびしさや不便さをこぼしたことはなかった。がその頑張りも限界にきたのかその数年前より、妙に疑心暗鬼になり、半年ほど入院した。その退院を間近にして、私共三姉妹は、退院後の母の独居は無理だから、老人の施設に入ってもらいたい――と思っていた。

私は以前から、いろいろと社会的な活動をしており、また自分の家の問題や主人の健康のことなどで、自分達の生活が精一杯だった。とてもこれ以上母の世話など出来る状態ではなかった。私たち姉妹は、出来れば施設に入って呉れることを望んだ。母は、頑としてそれを拒絶した。長い入院生活で体も弱っておりどう考えても独居生活は無理なのだが、これもボケの一症状なのだろうか。姉と妹は、「それなら勝手にしなさい。私たち知らないからね」本当にそれから母が死ぬまで一度も面倒見に来ることはなかった。

退院した母は、暫く不服そうだった。私が行っても有難たそうな態度はしなかった。「来なくたっていいんだよ」と強がりを言うのだが、布団はビショビショ。ヤカンや鍋は恐らく空になるまでガスに掛けっぱなしにしたのでしょう、グニャグニャだった。これを見てどうして放っておけるだろうか。「今日はオモラシで冷たくて寒いだろうな。ガスの火は大丈夫だろうか」など考えると、行かずにはおられず、母の憎まれ口を覚悟で、母の家に通った。

途中で買い物をし、母の家に着くと先ずお風呂を沸かし、その間に食事の用意、次に母を入浴させる。これが又大変な重労働だ。入浴をさせると私はくたくたになるのだが、母の満足そうな様子を見ると、休むわけにはいかない。その後食事。洗濯。掃除。外掃除。

私はその時期、おそらく私の生涯で一〜二を争う大きな課題に取り組んでいた。それは世田谷上馬地区一三三人の代理人として国の公害等調整委員会に道路騒音等被害責任裁定の申請中だった。しかし、その活動を続けながら、母を病院に通院させなくてはならないという事も度々で、病院の帰りに総理府の駐車場の車の中に母を待たせて委員会に出席したこともあった。

その他に、当時は各種の委員会や、理事会、役員の会合、講演会、集会など、企画や原稿書きなどもやらなければならず、その間にマスコミの取材が入ったり、家の問題も抱えていた。それでも一日一回は何としてでも母の家に通った。ある日は早朝に、ある日は夕方暗くなってから、というように。ただ、やるだけのことをやって風の如く帰らなければならない日が殆どだった。

数日間どうしても行けない事があった。私が行くと母は、青い顔で恐る恐る「あんた病気だったんじゃないの。私は自分の事ばかり考えていて……」と泣きじゃくるのだ。数日間不安な思いで居た母を可哀想に思ったのだった。

強情で我が儘だった母が変わったのである。顔つきまで柔和になった。被害妄想もなくなった。おねしょもいつの間にか止んでいた。

正直言って私は、元気な時代の母が好きではなかった。しかし、この頃になると、母の人柄が飾り気なく出てきて、私は母がスキになっていた。こんな素直な母を、先に亡くなった父は知っていただろうか。そんなことを考える日々だった。

その後母は、定期検診で肺癌が見つかり、手術後一年経って他界した。

老人の世話は、考え様によっては余分な苦労だ。しかし、また一方ではこんなすばらしい人間としての営みはない――、ともいえよう。埋めようも無い老若の考え方、生き方の溝はたしかにある。しかし、その溝は溝として認め、その領域を侵さずに、自分なりの方法で老人の世界をサポートする事は、人として当然のことだと思う。この「当然」の意識が基本だと思う。老人の世話をすることは育児と同じように大層な快挙でもない、当然なことなのだ。

母の世話をしていた時期、強いて私が控えた事はゴルフと長期旅行だった。種々の会合や企画事などは、出来る限り従来通り行った。同窓会やクラス会にも積極的に参加した。後々「母の犠牲になった」と恨みがましく思いたくなかったからである。ただ私の心残りは、主婦業の他にあまりにも多くの事を手掛けていたので、母とゆっくり話をする機会がなかったことである。

母が亡くなってしまった今も過密な毎日のスケジュールをこなしながら、母の世話に通い続けられた私の心と体の健康に深く感謝している。

育児を通して親は成長するように、老人の世話を通して子もまた円熟していくのだ。

一昔前までとは異なって、今私たちの生活は衣食住プラスアルファで、このアルファの部分が大きなウエートを占めている。このアルファの部分に「老人の世話」を入れようではないか。朗らかに。

「老人の世話」について、二〇一〇年母の日を前に、松宮竹のペンネームで『母へのラブレター松竹梅』を文芸社より出版した。「恩讐を超え母と娘の和解のフィナーレは、優しく心に響く……」と評判の一冊です。

この「母へのラブレター松竹梅」の主題は、**「公民制度」**の提唱であります。

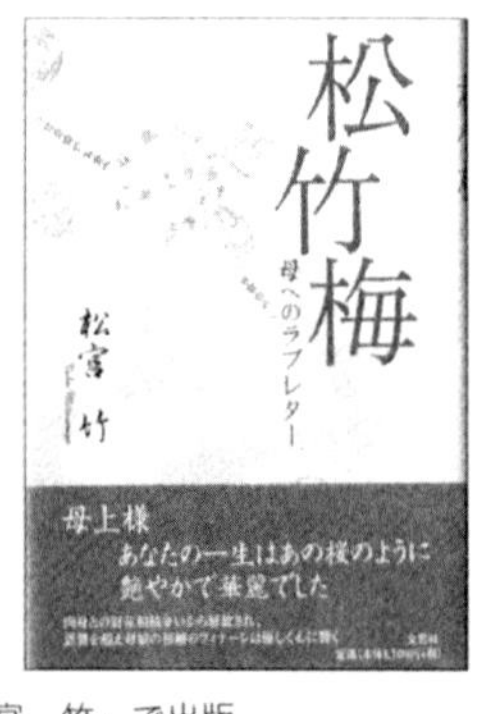

2008年　ペンネーム「松宮　竹」で出版

公民制度の提唱

出生率を上げることは必要なことですが、もっと大事なことは、その生まれた子供たちが、「如何に有意義な人生を送れるか」であります。幼児期、少年期を手厚く扱われたとしても、社会的訓練や、社会規範等何ら学ぶ事無く世の中に放り出されている現状は誠に不幸であります。多くのニートや自暴自棄的暴走族の大量生産に繋がっているのです。

一方、社会は、若い活力を必要としています。若者の特性・強靭さ、機敏さ等の有効活用は、若者に自信と生きがいをもたらします。

老人ばかりの農家、零細工業家、漁業、林業、土木、介護、看護、防災、救護、防衛、環境保護等、若者の力を必要としている分野は枚挙にいとまがありません。

又、大型農業化や、介護事業化等に多くの助成を行うことにもコムスンに代表されるように事業者の餌食として問題を派生します。介護従事者の勤務期間は、その八割が三年未満だと言います。私も四年間実母の介護をした経験がありますが、若い二十歳前後の体力でなければ、とても続けられるものではないことを痛感いたしました。

そこで私は、『公民制度』なるものを提唱いたします。

『公民制度』それは、十八歳又は二十歳になった全国民が二年間、これ等の活動に携わるというものです。その二年間、国又は自治体は、これ等『公民』の衣・食・住を保障し、公民としての教育をしっかりと行う。その宿舎等は、少子化による学校の空き施設を活用する。徴兵制度を行っている諸外国や、戦前の制度を参考にすれば、難しい実現ではありますまい。

若いエネルギーをこれ等の事業に活用することによって、若者の間に蔓延する無気力、いじめ等またモンスター親の諸問題等も解決されていくこと必定です。

多額の費用を一括任せる介護事業や大型農業化は、これからも、いろいろな問題が派生するでしょう。多額な歳出を余儀なくされているODAや箱型、高速道路事業、大型公共事業等を見直し、国は、このような『公民制度』にこそ税金を使うべきであります。此れは、未来への貴重な貯金であります。

介護、育児政策、国防、環境、防災、救護、看護等、農林水産事業、殊に米作り、植林事業、土木事業は、若い力にゆだねることが最善であります。併せて、公民意識と、社会マナーの育成を国を挙げて行うという二次的効果があります。ニート問題の根本的な施策でもあります。勤労の尊さを育むことは、国体の健全な発展に繋がります。これこそが教育改革の根本でありまます。又、昨今の解雇労働者の救済措置としてこの施策を実施し、将来のこの制度への移行を行う絶好の機会でもあります。

国としては勿論ですが、地方自治体単位でも実現できるのではないでしょうか。総合的な教育改革を含めて、この『公民制度』の実施を切に願うものであります。

この公民制度の提言は、小渕内閣以来、内閣が変わるたびに提言し続けています。

拉致問題に関しては小泉内閣の時、被害者家族が小泉首相に面会した場面をTVのニュースで見た後すぐ、『拉致問題は、一人拉致被害者家族の問題ではありません。これは国家の問題であります。国家の主権が侵害されたということなのです。』と小泉内閣にメールしたことは忘れられません。この時のメール担当が、当時内閣副官房長官をしておられた安部さんであったことを後で知りました。

介護政策と子供政策

介護や育児の問題を企業の損得勘定で処理をしようとする体質は、わが国の福祉政策の幼稚さを披瀝すものです。介護問題は、あくまでも行政の範疇であって、最低ケアマネージャーは、行政サイドの業務でなければならない。業者に補助金を大量譲渡して一括任せてきたやり方は過ってコムスンの問題が派生したように介護ビジネスの餌食になる可能性があります。介護問題は、自治体の責任であるとの自覚を、茲に強く望みます。私の提唱する公民制度の実現を強く望みます。

育児政策に提言します。

育児政策にかかる公的支援費用は、子供一人につき五十万円だと云う事です。子供二人を保育園等に預けて、おかあさんが稼ぐ金額は、一体幾ら位でしょうか。いろいろな意見がありますが、子供の成長の過程で子供は最低三歳までは母親が手元において育てることは大変重要である…と言われます。

そこで提案です。三歳になるまで親の手元で育てる第一子につき年五十万円の子供手当制度は如何でしょう。第二子は年六十万円、第三子には年七十万円…。そして、最後の三歳児の育児が終わった女性の再就職には充分な配慮をする。

不当な介護ビジネスや育児ビジネスの餌食になるような政策は考え直さなければなりません。

少子化の問題は、若者たちが結婚を望まないことに起因するといわれますが、それでは、どうしたら彼らに結婚して子供を育てられるようにすればよいのだろう。先ずは、愛の巣造りつまり若夫婦用の住宅の優遇性の高い提供でありましょう。高齢者用の施設造りがブームになっているからでありますが、それと併行して若夫婦用の住宅提供は重要なのではないでしょうか。月一万円に入居費で。

媚外交の報道

媚外交の政治家たちには、ホトホト困り者です。又、その情けないニュースを一生懸命報道する情けないマスコミ！ 殊に、NHK！ いったいどこの国の報道機関なのでしょう？「どうして日の丸を掲げなければならないのですか」「どうしてですか」とコメンテーターに迫るTVキャスター。彼女は美人なだけに始末が悪い。

「貴女の尊敬する中国や朝鮮、アメリカの人々にどうしてなのか聞いてください。彼らの国では、国旗や国歌を大切にしていますね」私だったらこう答えるのですが。媚外交を大々的に報道する感覚の低さ。こんな情けない報道は、見たくありません。彼女は「正論」九月号で「体現したNHKの傲慢・卑劣」と題して記事を出しているが、この「日の丸」についての対応も台詞による指示だったのだろうか。

『靖国』にスタンスをおいているかどうかは、日本の現在、将来を真剣に見つめているかどうかのキーワードです。戦争は悪い。嫌です。これは決まりきった事です。要は、何故戦争になったのか。どうして戦争をしなければならなくなったのか。その時代背景、世界情勢を自虐史観の殊に政治家たちはよくよくお勉強をして下さい。白人至上、猛烈な人権差別の歴史認識は大事です。それは我々日本に限られたことではなく、彼の国や彼の大統領としても大切なことです。しかし、この媚外交に終始する政治家たちを国会に送ったのも、実は私たちなのです。そして、こんなに情けない日本にしてしまったのです。気力のない若者や、引きこもりなどを大量生産してしまった。仲間同士で殺し合いまでする。今後は、『靖国』を批判・反対する人を国会に出さない……という、強い信念で、私たちも、真剣に、此の日本の将来を考えましょう。

原発事故は、起こるべくして起こった

私は、かってこの福島原発を見学したことがありますが、そのセキュリティの何と厳しかったことか。猫の子一匹入れないとはこのことでした。つまり、原発については、当時の政府も関係者も重要なことは「保安」だったのです。「安全委員会」もです。その証拠に基本的な原子力に対する安全対策がおろそかにされていたことを今度の事故が如実に示しました。冷却装置の故障、その電源の不能！

「原発は安全ではない、危険なもの」。便利さゆえに必要ならば、二重にも三重にも安全性を重

視しなければならないはずです。

保安もさることながら、冷却装置等の不断の点検チェックは如何だったのでしょうか。火災に対する消火体勢は如何だったのか。不慮の事態に備えて、宇宙服否それ以上の防御装置を導入する姿勢は「安全委」にあったのか。何処の消火装置よりも高性能な消防車の導入を検討したことがあるのか。猫の子一匹入れないような保安体制を布くまえに、または同時にこれ等の対策は当然のことであります。弁を開くことが出来るロボット、コロやスプリング等地震にフレキシブルな耐震設置。今までに『安全委』が検討をしなければならないことは山ほどあったはずです。なんのための『安全委』だったのでしょうか。

宝塚出の美人議員を初めとして、あれほど『安全性』を強調してきたことは、何であったのか。又、私の敬愛する亡女流作家も、『原発は安全です』とのたまっていました。それまでの敬愛の念が、ガラガラと音を立てて崩れたことを思い出します。無知だったのか、国民をだますことだけに懸命だったのか。それは、何のために？　どちらかです。

しかし、それらの人々を信じて支持してきた多くの国民が私を含め一番馬鹿だったのかもしれません。マスコミを初めとして、国民総懺悔を、反省をするべきです。

原発施設に線量計が従業員数だけないという現実に驚かされます。この様子だと宇宙服様な設備もないことでしょう。震度九の地震、爆発という非常事態に対する関係者のなんとのんきなことでしょう。線量計が全従業員にいき渡ったとしても今となっては、手遅れです。今は、宇宙服様な防御服を着用して作業をするか、無人ロボットを操縦して、事態を収集する段階に来ていることを関係者は、認識しなければなりません。世界各国から種々な機材が運ばれてきますが、これ等の設備そのものが日本にはいや日本の原発の何処にも配備されていないという現実に、ただただ唖然とせざるを得ません。原発の安全性をあれだけ強調してきた関係者！何を基準に安全だと断言していたのでしょう。

平成二十三年三月十九日

震災に思うこと

瓦礫の山や津波に一掃された被災地の様子をＴＶ画面等で目にする度に思い起こすのは、今から七十年ほど前の日本の国土の惨状であります。米軍のＢ29等の爆撃によるものでありました。あの時はすごかった。広島・長崎のみならず日本国中の都市という都市は、瓦礫の山と灰燼でした。その中で被災者、子供たちは、黙々と自身が住むための小屋や、食料、着るものを求め動いていました。じっとなどしておられませんでした。何故なら、次々と襲い来る爆撃から身を守らなければならなかったからです。遺体の処理は、当時小学六年生と中学一年生の男児が、翌日から軍の指導で行われたといわれます。成年男子は、すべからく徴兵されていて、本土にいる男性は少なかったからです。

当時小学六年生と中学一年生の少数を除き、東京の学童は強制的に地方に疎開をしていました。小学三年生であった私の妹は学校ごと、この度の被災地である石巻へ集団疎開をしていました。女学校二年生だった姉は、埼玉の飯能の軍需工場へ学校ごと学徒動員として寮生活をしていました。

昭和十九年から始まった米軍機Ｂ29による爆撃は我々一般人を含む無差別爆撃で悲惨を加速していきました。昭和十九年十二月、私の通っていた小学校当時は国民学校と言っていましたが、真昼、一機のＢ29によって落とされた爆弾が命中、灰燼に帰しました。その時のすさまじい空気を切り裂き体が締め付けられるような猛烈な爆風を忘れることが出来ません。直撃を受けて近所の何人かの方が即死されたことは、最近まで知りませんでした。翌年二十年三月十日の東京大空襲のすさまじさと悲惨さは、遠く離れた山の手の我が家からも手に取るように感じられました。天を焦がすとはこのことでありましょう。東の空は真っ赤に染め上げられ、何十キロも離れている私たちは強烈なライトを照らされているような真昼の明るさでした。Ｂ29の大編隊は、下の燃え盛る炎に照らし出されて銀色に光りながら次々と南西の方からやってきては、ばらばらと爆弾や焼夷弾を落としていきます。そのたびに東の空がパァ〜と一段と明るくなります。

空襲は日に何度もありました。そのたびに家の庭の隅に作られた防空壕に避難するのですが、そのときには、綿入れの頭巾をかぶり必ずランドセルを背負いました。ランドセルは、夜寝るときも必ず枕元において寝ました。「子供として一番大切なことは勉強だからどんなときもランドセルだけは手放さないこと」が父の教えでありました。

東京は、見渡す限りの焼け野原となり、多くの人々が亡くなりました。中野駅から山手線が見えるほど中野から東の東京は見渡す限りの瓦礫の焼け野が原となりました。人々は、黙々と焼け跡を片付け、材料を集めて小屋を造り、食を求めました。被災者が、次々と焼け残った山の手にやってきました。女学校から帰ると我が家には見知らぬ子供や人々で二階も階下もいっぱいでした。

武蔵境にあった私の女学校は、人数も少なく、毎日防空壕掘りでした。階下の教室は、兵隊さんたちが駐屯していました。若い兵隊さんが食器の洗い方が悪いと、冷たい井戸端での炊事軍曹の意地悪な仕打ちは、当時の忘れられない思い出となって今でも脳裏に焼き付いています。

終戦後疎開をしていた人々が、次々と東京に戻ってきました。いつの間にか学校は定員を超していました。上野駅周辺には、親も住まいも失った子供たちが汚れた服を着て大勢たむろしていては、道行く人々に物乞いをしていました。あの子供たち……どんなにか苦労をしたことでしょう。親も住居も失わなかった私にはその苦労と悲しみを語る資格はありませんが。昭和三十年ごろまで、防空壕や、焼け跡の小屋で生活をしていた人々を私は知っています。目覚しい復興と高度成長を遂げた蔭には、このとき苦しい少年時代を過ごした彼らのすさまじいエネルギーが貢献したことは間違いない……と私は信じます。

災害大国

先日東名高速道を久しぶりに走りました。何と！　高速道路の防音壁がきれいだったこと！　先日の猛烈な暴風雨で綺麗に洗浄されたのですね。この洗浄コストを計算すると莫大な数字になるのではないでしょうか。昔から日本列島は台風の通り道で深刻な被害が起こる一方で、「神風」に代表される元寇の役では外敵からの侵入を阻止することが出来たともいえよう。また地震、火山の噴火、台風、それに伴う河川の氾濫、地すべりなど、これらデメリットは十六世紀から始まる大航海時代の欧米諸国による植民地侵略の餌食から逃れられた要素でもあったのではないか。災害大国日本のメリットを考えた旅になりました。

美女谷など日本各地に点在する壮大な自然環境も、大昔から続くものすごい地殻変動や噴火等の災害の産物です。

災害を回避する施策も必要です。昔は地滑りの起きそうな山間の麓には家は建てないのが鉄則であったといいますが、地滑りが無ければ住みよい場所なのでしょう。安全な場所にリゾート風の集合住宅を建てることで、地滑り危険地域を公園化するなどの施策は如何でしょう。

主婦の診た日本経済

円高・円安

上がった物は下がり、膨らんだ物ははじける…これは、自然の摂理であります。

私は、昭和二十四年からの日経平均をグラフ化して診ました。一九八〇年ごろより狂乱的に高騰し、パンパンに膨らんだバブル経済は、いつかは破綻し、暴落する運命にありました。

明治四年にスタートした時の為替は、一ドル一円でした。株価は、殆どの額面は、現在でも五十円です。私なりに日経平均が提示された昭和二十五年からの罫線を診る限り、暴れん坊の成長は、漸く安定し、成熟した大人へと落ち着きつつあると診ます。ただ、人の心は、いまだに暴れん坊時代の浮わつきから解き放たれていないようです。「コンクリートから人へ」と同時に私は、「物から心へ」のシフトが為されなければならないと思うのです。あまりにも不条理な戦後の円安が、当然のことながら適性値になることは、自然の摂理……でありましょう。「実勢にそぐわない円安」ではなく、「過去の実態にそぐわなかった円安」であったのです。終戦直後のドルは、一般の日本人は利用できませんでしたが、日本に駐屯して生活をしていた進駐軍の家族は、一ドル五十円に換金していたことは、あまり知られていないようです。あのどん底時代ですらの事実です。あの時代のことを思えば、今の不況など何のことはありません。

平成二十三年十月三十日

私の歴史

父の代参

大阪は天王寺の西往寺。そこに油屋吉兵衛のお墓があった。長年父がさがしていたお墓である。私はそのお墓にお線香を手向けて、ホット肩の荷が下りた思いがした。

私の父は農家の五男坊であったが、何故か先祖に対する想いが深く、海軍時代には、休暇を使って、この墓の所在を捜し回ったとのことであった。情報が無く、交通の便の悪い時代のこと、捜し当てることができなかった。

父の先祖油屋吉兵衛は、代々堺で明国との交易を行っていたという大きな油屋を営んでいた。

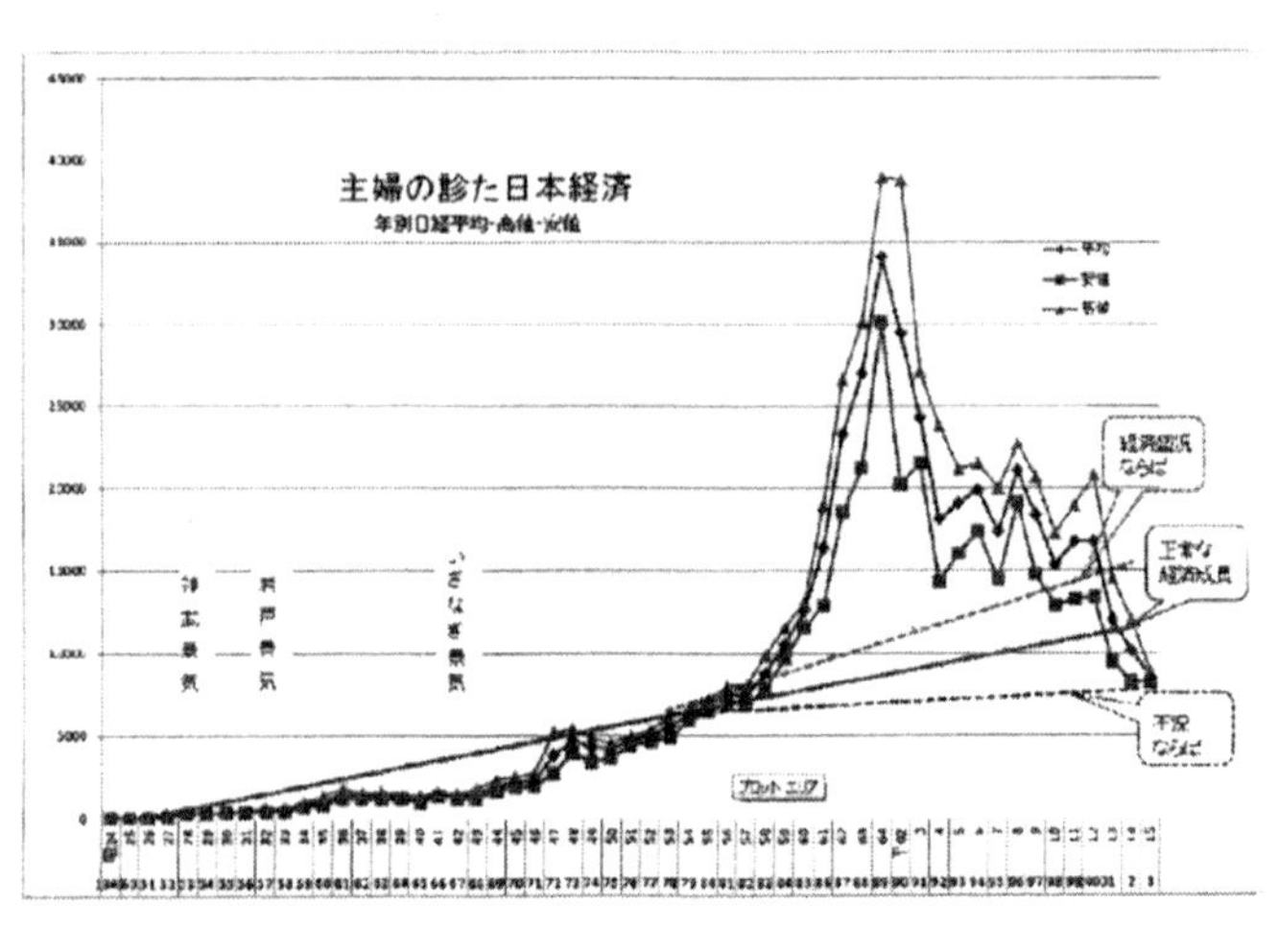

天保三年（一八三二年）宮崎の鵜戸神宮に石燈籠一対二基を奉納していることだけが、現在わかっている先祖の足跡である。その前後の、社会情勢を見ると、一八二一年、畿内・東海・山陰諸国が大風雨に見舞われる。翌年の一八二二年塙保己一の「群書類従」続編が出版され、一八二三年にはシーボルトが来日。二十四年、関東・奥羽が大雨洪水。二十八年、東海・北国・西国の諸河川が大風雨のため洪水を起こしている。二十九年、江戸大火。三十年、伊予宇和島に一揆が起こる。三十二年、飛騨高山に打毀し起こる。幕府は品川沖の諸外国船に対し私貿易を禁じている。そして、石燈籠を奉納した一八三二年には鼠小僧次郎吉が死刑になり、この年諸国で飢饉が発生。翌三十三年には、江戸と、善光寺の打毀しが起きている。その後も打毀し、大火、大地震、洪水などの騒乱が数年間続いている。「油屋」の傍系は、

鵜戸神宮に石燈籠を奉納したのを契機に温暖な気候の日向（宮崎）の地に菜種の栽培のために居を移したといわれる。

「油屋」が「小松」（私の旧姓）の姓を名乗るに至った経緯は小松帯刀の一族が大阪の天王寺に居住していたことに関係するのではないかとノンフィクション作家として甚だ興味深いところである。

明治二十九年、六十五歳で亡くなった父の祖父親吉は、大変な努力家で、次々に田畑を切り拓き、そこに棕櫚の木を植えて、その幹を覆う「棕櫚の毛」を大量に生産し、油津港に出荷した。当時は当然ながら化学繊維など無く、漁網や縄、ブラシ等に利用され、その為に大変な財を成したといわれる。小松山の中腹の広大な屋敷からは、日向灘が望まれ、母屋の他の別棟には小作の人達が住まい、馬屋はいつもきれいにされていたという。その世話は、父ら子供達の仕事だった。その当時の家を語る父は、まことに穏やかになつかしそうであった。しかし、その屋敷や山林、田畑は、後継者に依って、次々と売却された。何しろ環境はすばらしくても、住む人にとっては、不便この上も無かったのであろう。昭和四十二年頃のことである。

父はその頃、頻りに、大阪にあるらしい油屋の先祖の墓にお参りをしたがった。数年前より肝臓を患って入退院を繰り返していたこともありその所在の調査を私に依頼した。「油屋」は当時科学技術庁長官の平泉渉氏のご母堂のご実家に関係あるらしいことを、宮崎新聞社の黒木某氏より知らされていて、その後の調査を私に依頼したのであった。平泉氏は外遊中で留守。その中、と思っているうちに、子供の学校の事など目先の事に振り回されているうちに、昭和四十五年、父は突然亡くなった。その後私の心の片隅では、父の頼みに応えられなかった事を本当に申し訳なく思っていた。

父がこの上なく敬愛したご先祖であったが、父の生存中には、そのお墓の在り場所をつきとめることが出来なかったが、鹿島建設に勤める、私の小学校時代の友人のお蔭で、偶然にもその所在が分かって、お参りが出来たのである。

お墓のある大阪天王寺の西往寺に伺った時、西村ご住職はご法要中であったが、それを中座して茶菓を出して応接して下さった。昭和五十四年のことである。

父のこと

海軍機関学校で学んだ後、佐世保鎮守の軍艦迅鯨第一潜水艦隊司令部から自分の郷里油津港へ転属になっていた父は、そこで、潜水艦の機関室の部分が浸水するという事故に遭いその責任をとって、海軍を辞めざるをえなくなった。

父は海軍を辞め、東京に出る。

昭和 18 年

幼い頃の西荻窪の家の周りは畠と竹藪ばかりだったが、道の両側には桜の木が植わっていて、桜の頃は我が家の二階が俄か花見の会場になって、家中が賑やかだった。家は当時としてはまことに洒落た家であった。父は会社設立の本格的な活動を始める。家から四百メートルほど離れた竹藪の土地を借りて開墾、会社を設立した。パワーシャベルやブルトーザーなど無い時代。父と母は、鬱蒼とした竹藪を来る日も来る日も泥だらけになって開墾した。妹は乳母車に乗っている頃である。小さい頃の事は殆ど忘れているのに、この父達の姿は、半端でない苦労だった。一枚の黄ばんだスチール写真のように、心に焼き付いている。

母のこと

明治三十九年、丙午の年に生まれた母は、性格がおおざっぱで気が強く、正直言って、私には苦手な存在であった。母の父は、宮崎県は北郷の里で、大正十年大流行したインフルエンザで亡くなった。当時女学校の寄宿生だった母は、「スミオさん！　一寸帰って来て下さい」(母の名はスミオといった）と迎えに来たお手伝いさんと帰郷したが、二度と学校には戻れなかった。生家は亡父の後継者の放蕩によって没落したのである。

士族の娘として権威を欲しいままにして来た母は、生家の没落により一夜にして崩れ去った権威のはかなさ、無財のみじめさをいやというほど知らされたようである。その為、母のサイフの紐の固さに私共娘達は、大分ニガイ想いをさせられた。買って欲しいものがあっても「そんなお金、どこにあるのョ」と拒まれた。男子ばかりの家系に久しぶりに待ち焦がれた女の子として生まれた母は、小さい時から我儘に育てられ、男の子のように活発な子に成長した。お茶やお琴や三味線のようなお稽古は大嫌いで、お稽古に通う途中で付き添いのお手伝いさんを巻いてさぼったりしたようだ。お手伝いさんこそいい迷惑で、よく祖母達に叱られていたという。しかし、華道の池坊と筑前琵琶は性に合ったらしく、師範の免状を持って居り、琵琶は時々家でも勢いよくうなっていた。「さっと翻る波の上～那須与一が～』

優雅な女らしさを好まない母を、私は好きではなかったし、小姑のような憎まれ口をきく私を、母は三人の娘の中で一番憎たらしく思っていたように思う。そのような私が、母の最期を看取ることになろうとは、私も母も夢にも思わなかったことである。

ケーキのようなお家

私が結婚のため成城の婚家へ移るまでの二十一年間を暮らした西荻窪の家は、当時としては、まことにハイカラな家であった。

それは本郷にあった父の海軍当時の上官の別宅を譲り受け移築させてもらったものだった。華族様の別宅で、若い父ではとても入手できるようなものではなかった。

それほど大きくはなかったが、洋間は格天井で、作り付けの戸棚は天井から三段に分れていて、指し物師作りのその扉が美しかった。これは額縁になるといわれた。

ガラス戸にはスリガラスの中にスカシ模様が入り、天井からは外国製の乳白色のシャンデリアが下がっていた。壁の埋め込みのスイッチは、プッシュ式で、上のボタンを押すと下のボタンが出て電灯が点き、下のボタンを押すと上のボタンが出て電灯が消える、という仕掛けになっていた。二階にも、陶製のタイル張りの男子用のトイレがあった。扉はステンドグラス入りのものだった。これは、殆ど使われずに物置になっていたけれど。日本間の窓は三重、障子戸とガラス戸、雨戸の三重の敷居で当時としては他ではあまり見られなかった。押入れの敷居にはニッケルの埋め込みのコンセントがあり普段はニッケルのふたで閉められていた。

洋間のカーテンと同じカーテンを付けた書棚があった。洋間のガラス戸は細かい葉の切り子の模様入りで、庭への出入り口の扉には、一部ステンドグラスがはめ込まれていた。家の外壁は厚めの板張りだったが、それがこげ茶のコールタール塗りで、木製のテスリやベランダは淡いピンク、窓枠は白、軒下は細かい波状のトタン造りで色はグリーンだった。昭和の初期の文化人の遊び心あふれた実にシャレタ家であった。よく画家さんが写生に来たりしていた。

洋間の窓下には父の生家の家業に関係のあったシュロの木が植えられ、その前に砂場が作られていて、そこで、オママゴトなどして遊んだ。

庭には、大きな藤棚があった。夏は藤の葉がよく茂って夏の強い日差しをさえぎってくれていたが、一度も花が咲くのを見たことがなかった。

藤には雌と雄の木があるのだろう。藤棚の下に小さな父手製の木のベンチがあった。姉達とゴム飛び遊びをしていて、彼女たちの飛べる高さを飛ぶことが出来なかったが、ある時、偶然にも飛び越えることが出来た。うれしくてたまらず、その辺りを喜び騒いでいるうちに、そのベンチの角に眉間をいやというほど打ちつけてしまった。その後はどうなったか。当分の間顔全体が腫れ上っていて、今でもその傷痕が残っている。幼い時から何ともドジな私である。

玄関脇の目隠し塀の裏に、井戸があった。遊びから帰ると、そこで手足や顔を洗ってから家へ上がった。井戸水は夏は冷たく、冬は温かい。

夏には西瓜やトマトをタライに張った水で冷やしたりした。その脇にある糠漬けの一斗樽は、一年中使われていたが、冬の冷たい糠漬け出しは、温かい井戸水のせいで、さして苦ではなかった。

幼い頃の私は、家の中で遊ぶというより、外で、男の子達と飛び回ることの方が多かった。久我山の川まで隊を作って水遊びに行った。井の頭の湧水を水源とするその川は、透き通った清らかな水を満々と湛え、あやめ様の葉の水草が水底に生い茂りアメンボー、ゲンゴロウなどが泳ぎ回り、時々赤いおなかのいもりなどがいて、子供達の興味・喚声はつきない。水は飲めるように透き通っている。男の子達は、橋の上から次々と飛び込んでしぶきを上げる。私はソロソロと川の中へ足を入れて行く。「また行ったのネ」母は水と泥でよごれた服を見て叱ったものだ。女の子は、泳ぎなどすべきではないという時代であった。しかし、私は、蝉や甲虫、トンボ、蝶などを追って林や野原を駆け巡ったものだ。鬼ヤンマ、銀ヤンマ、麦藁トンボ、塩辛トンボ、銀チャンノオツ、など、今でも、私は見分けることが出来る。

また、水鉄砲、竹とんぼなどなど、竹と布さえあれば、小刀、鋸など使って作ることが出来た。難しいところになると、時々父の手伝いを必要としたが。

空襲による小学校の焼失

昭和十四年に建築された小学校は、当時としてはモダンな、白壁のスレートと黒屋根で、空中からよく目立ったのであろう。

昭和十九年十二月三日。真っ青な空に南の方からＢ29が北上して来た。敵機と日本機の爆音を聞き分けるため、私たちは音楽の時間に、「ハホト」「ハヘイ」「ロニト」「ヘトロ」とかと和音の聞き分けを訓練されていた（ドレミは当時使用されず、ハニホヘトイロハに置き換えられていた）。

一万メートルの飛行高度を取って侵入して来たＢ29の低いうなるような爆音。爆撃機の飛行高度を五千メートルとして対応された高射砲の炸裂は遥か下の方。抜けるような青い空に、B29は悠々と銀色の機体を見せて頭上高く通り過ぎようとしていた。その時、天地が割れるかと思われるような空気の振動に、思わず庭先の防空壕にすべり込んだ。ものすごいショックから我にかえると、あたりがざわめきだした。「小学校がやられた！」恐る恐る壕から道路に出ると、三百メートルほど離れた小学校から黒い煙が立ち上っていた。それはたちまち赤い焔となって学校を飲み込んでいった。「ああ私の机、椅子、上履き、剥製の鳥たち」私は痛む胸を両手で押さえて学校の焼け落ちるのを茫然と見ていた。

ただただ耐えるしかなかった。「欲しがりません勝つまでは」の諭しは身に沁みていた。大日本青少年団なるものが組織され、上級生は下級生の面倒をよく見た。学校は大隊、学年は中隊、級は小隊、で中隊長は六年生が務めた。私は五年生の中隊長を務めた。各自自分の家から食器を持参し給食も始まった。六年生が下級生の世話をした。学業は体育が主になり、男子は剣道、女子は薙刀を教えられた。私は下級生に薙刀の教授をさせられた。時々、軍人さんが来て指導をした。おやつは、家庭菜園のトマトやきゅうりで、もちろんチョコレートやケーキなど望むべくもなかった。家には常に非常食として、おにぎりがお櫃の中に入っていた。

現在の井の頭通りは、当時水道道路と呼ばれていたが、その歩道を、私たち六年生は開墾して馬鈴薯を植えた。種芋の芽の部分を小刀で切り取り、木灰をまぶしてそれを植えたのである。

その収穫はどうなったかはっきり覚えていないが、どうやら土地がやせすぎていて、実らなかったらしい。悲愴な食料確保の試みであった。

六年生の残留希望者を除いて、殆どの学童は疎開をしなければならなくなった。仙台の石巻へ集団疎開が行われた。私は、残留組で東京に残った。空襲は、激しさを増してきた。B29に挑む日本の小さな戦闘機との空中戦を視た。抜けるような青空が忘れられない。

三月十日の東京下町の大空襲の夜、東の空は真っ赤に染まり天をこがすとはこのことか。B29の大編隊がその焔に金色に映し出されて、次々に通り過ぎて行った。時々、電波を妨害するためのアルミのテープが、キラキラと落ちて来た。高射砲音が時々響くものの空しく感じられた。

八月三日、B29が、久我山上空で撃墜された。搭乗員が落下傘で降りて来るのが見えた。ようやく一万メートルに対応する高射砲が出来たのだ。

集団疎開先の石巻から卒業の為に仲間が帰って来た。卒業式は小学校の焼け跡で行われた。父兄たちは、わずかな米や野菜を持ちより、五目ご飯を作って精一杯の祝福をしてくれた。

待望の女学校に入学したものの、毎日はタコ壷の防空壕掘りと農耕で、さつまいもや馬鈴薯の植え付けであった。炎天下、小金井の緑地まで畠の草取りに行った事もあった。

小学校（国民学校）五年生位までは、私たちにとっては良い時代であった。

その頃の東京は、冬によく雪が降った。木の上に積もった雪を器に盛り、イチゴシロップをかけて、コタツで楽しんだり、南天の赤い実や葉で雪兎を作ったり、目や口をタドンと炭で雪ダルマを作り、バケツの帽子をかぶせ、雪合戦の陣地にしたりした。女の子はあまり外では遊ばなかったが、私は積極的に男の子の中に入り凧あげやトンボ取りや蝉取りなど野原を駆け回った。一キロメートルほど離れた久我山の川に水遊びに行った。その周辺の田んぼの畔には桑の木が植えられていた。近くの農家で蚕を飼っていたのであろう。私も蚕の卵から幼虫をかえして世話をし、繭を作り、蛾をかえして――、という飼育をするために、久我山には桑の葉を摘み取りによく行った。毎日蚕の成長を日記に記して、真綿と共に夏休みの成果にした。

川遊びをすると母に叱られるので、もっぱら男の子の泳ぎの見学にまわっていたが。

赤や白、青の御影石の小片を貼り付けた門柱の上にバケツに水を入れ、そこから細いゴム管を垂らして、噴水を作ったり、オタマジャクシが蛙に成長する様を観察するのも、夏休みの大きな楽しみであった。

裏庭の空き地には、トマト、きゅうり、茄子などが植えられ、毎朝その収穫を楽しんだ。茄子やきゅうりを、糠漬けにするのも私の役目だった。

正月には門松を建て、母は丸髷を結い、こどもたちは晴着を着せられた。そして、羽根つきやかるた、ゲームに興じた。

五年生になった時、戦時色は一段と強まった。「教練」といって、体育を中心とした授業が多くなり、男子は剣道、女子は薙刀。行進や徒競走が重視された。時々、軍人の教官が総合訓練と称して指揮をとった。

通学は全校一年生から六年生まで地域的に「大日本青少年団」が結成され、服の胸に、そのマークと、氏名・住所・血液型・生年月日などが書かれた布が縫い付けられた。

いつからか、学校給食も始まった。自分の家から、汁用とご飯用の器を各自持参した。ほとんどが、まぜご飯だったように思う。ビオカルクの錠剤が、ビタミン、カルシュウム補給に支給された。

水道通り沿いや空き地に厚い木製の高い塀がめぐらされた場所があったが、高射砲の陣地であると誰いうとなく知っていた。

それまで、徐々に行われていた「疎開」は、六年生の一部の残留組を残して、強制的に集団で行われることになった。

父の会社では、花柳界のお姐さん達が徴用で働きにきていたが、妹の疎開の準備に、二階の部屋に縫い物の手伝いに来た。菊池さんというお姐さんがボスで、他の若い姐さん達はその指示に従っていた。母の古着の洗い張り布で綿入れの丹前など作っていた。妹達は宮城県の石巻に集団疎開をして行った。

敗戦宣言の八月十五日、家に居たのは母と、被災した父の友人の奥さん、それに私の三人だった。降伏の勅語は理解できなかったが、アナウンサーが泣き出したことで、只ならぬ事態であることが伝わって来た。

女学校に駐屯していた陸軍の部隊は、その数日後あわただしく引き揚げて行った。

出征されていた男の先生方も徐々に復員され学校に戻られた。学徒動員中の上級生も復学し、疎開組も帰学し、いつの間にか、学校は生徒でいっぱいになった。東西南北の四組では足りず、ＡＢＣＤＥＦとなり、一クラス五十人から六十人の大世帯となった。

女学生時代

終戦の年の昭和二十年四月、私は「府立十三高女」と称された「東京都立武蔵高等女学校」に入学した。ハードルの高い事で知られ、憧れの女学校だった。母はゲンを担いで、縁起のいい受験番号を取るため、寒さにめげず、朝早く願書の受付けに並んでくれた。三番をねらっていたが、すでに他の人が並んでいたとのことで、十三番まで人の来るのを待って、十三番を取って喜んで帰って来た。しかし、戦局が極めて厳しい中、殆どの学童は疎開をしていたので、入学試験は行われず全員合格となった。そのため、後々「無試験組」として、一部の下級生からヤユされ続けた。

上級生は学徒動員で、先生と共に、飯能の昭和飛行機工場に泊まり込みで働きに行っており、大部分の教室は、陸軍の部隊が、駐留していた。意地悪な炊事軍曹がいて、食器の洗い方が悪いとかで、若い兵隊さんに井戸端におしゃもじで「捧げ銃」させて立たせていた。私たちは、にくにくしい思いで、その軍曹をにらみつけて、その脇を通り過ごした。校庭の庭の奥で、将校さんが日本刀を抜いて、剣術の稽古に励んでいるのを、授業中、窓の外に見たりした。

授業は殆ど行われなかった。とにかく男の先生は次々に出征され、私たちは千人針などを一生懸命つくったりした。

入学から終戦までの数か月間は、殆ど授業らしい授業が行われず、薙刀や行進、駆け足等の軍事教練のようなことばかりの毎日だった。体操の授業は真冬でも体操着一枚と裸足が普通だった。校舎の廊下は常にピカピカに磨き上げられ、校内は裸足と決まっていた。サイレンが鳴り響きB29が来襲すると、皆裏庭の防空壕に防空頭巾をかぶってうずくまった。出征された息子さんの写真を胸に抱き、祈るような女の先生の姿がそこにあった。

一面のさつま芋の畠だった小金井の「緑地」には、草刈りの勤労奉仕に行った。夏の炎天下、日陰など無くつらい作業であった。

通学のときには、綿入れの防空頭巾を肩から掛けた。黒い制服は、白い替え衿のヘチマ衿、カフスでしぼった袖に共布の腰バンド、裾をカフスでしぼったズボンという制服に統一された。上着は夏は白の肘までの提灯袖。いずれも生地はスフであった。そのような中、お作法の授業は厳しかった。畳敷きの作法室があって、畳の上の歩き方、座り方、立ち方、襖の開け方、閉め方、座布団、お茶などの出し方などきびしく躾けられ、今でもその様子が鮮明に蘇って来る。

B29の空襲は八月に入り、何故か無くなったが、その代わり、降伏をうながすビラが空から降って来た。ハガキ大の紙に、カタカナと漢字まじりの日本語で書かれていた。

「終戦」で一変した学校生活

上級生が、疎開や、学徒動員からぞくぞくと帰って来て、校内は日に日に賑やかになって来た。授業は、教科書を墨で塗りつぶすことから始まった。これまでの教育は否定され、教科書はたちまち墨で真っ黒になった。塗りつぶす個所の内容を質問すると、先生にひどく怒られた。

校庭の裏庭の防空壕は埋め戻され、さつま芋やじゃが芋の畠に替わった。農耕の授業で最もつらい作業は堆肥作りであった。さつま芋等の蔓を積み上げておいて、それにお便所の汲み取

運動会での仮装行列（カルメン）

自作自演

父の背広からリフォーム

処女作

上げた蔓の上からかけるのである。時が経てば、それらが発酵し、良い堆肥となる。それを手でつかんで畠に撒くのだ。皆、涙ながらにその作業を行ったものである。今流に言えば、立派な「有機栽培」であるのだが。女の先生の中には「お嬢様方にこんなことをさせて」と嘆く方も居られた。

裁縫の授業の教材は、すべて古着を洗い張りしたものを使った。単衣の女物、男物、羽織、足袋など。靴下の編み物は徹夜で仕上げた。父がお風呂のお湯で伸ばし、アイロンで乾かしてくれた。わたしにとっては、初めての編み物であったが、お陰で「秀」をいただいた。「はぎ」とか「つぎ」とかの技術も教えられた。シュミーズや、パンティも自分達で作った。

これらを基礎にして、私は家でよく服を作った。母の帯芯を使って手提げカバンを作り、それにペインティングという塗料で絵を描いて装飾したりいろいろとオシャレを楽しんだ。今でも時々、昔とった杵柄と、ミシンを動かしている。先日もベルベットのワンピースを改良して、ロングスカートを二枚作った。

通学服も自分でデザインして作った。

従来ならば当時の女学生は「おさげ髪」といって真中から髪を分け、後で三つ編みにするヘアスタイルをしなければならなかったのだろうが、そのヘアスタイルと服装は自由になった。

私は、オカッパのままで通したが、毎晩金属製のクリップで髪を巻き毛先をカールした。友達の中にはその頃の電気パーマを掛ける人もいたが、それは校則で禁止された。

服装では、戦時中のモンペ様ズボンとヘチマ衿に腰バンドの制服は徐々に姿を消した。私は父の背広を改造して、ヒジの薄くなった袖を左右入れ替えて工夫し独自の通学服を自分で作った。スカートは、毎晩寝床の下に寝押しをしてヒダをキープした。

姉が友人から「Seventeen」というアメリカのスタイルブックを借りて来た。ステキなスタイル画がいっぱい！　食い入るように見入った。夢見る夢子でその世界に没入した。返却しなければならない。そこで私は、母の琵琶の教本用の美濃紙をスタイル画の上に置いて、それを写し取った。夢中で。「何ともったいないことを！」母の狂声で我に返った。私にとっては何らモッタイナイことではなかったのだ。その中、父がどこからか製図用の薄紙を沢山持ってきてくれた。お陰で天下晴れてあこがれのスタイル画の写しに没頭出来た。鼻歌を歌いながら。

女学校には、「ララ物資」といってアメリカから、沢山の中古の衣料が届けられた。オーバーコート、ブラウス、カーディガン、スカート、スーツなど。どこかで仕分けされて届けられるのか、そのほとんどは婦人物であった。教室にうず高く積まれた衣類の山。生徒達は一列に並んで、順々に先生から衣類を渡される。私に渡されたのは、真っ赤な毛糸のセーターと白いブラウス。極太の毛糸で、ざっくりとゴム編みで編まれていた。どんな女の子が着ていたのだろうか。ブラウスは前身頃に数本のピンタックがあって白いキュプラ様の丸衿、後でボタン止めになっていた。二回目はオーバーコート。全体がエンジ色の変わり織りでプリンセスラインのスタイルに衿は何と毛皮でダブルの打ち合わせのステキなコートであった。全体に薄い毛織りの芯地がはってあり、エンジのシュスの裏地でまことにすばらしいコートであった。私は喜んでそれを着た。まるでプリンセスになったような気分で。このコートはその後、ワンピースに改良し、ごく最近まで手元にあった。

町には徐々に物が出回り始めた。既製服はまだあまり出回らなかったが、服地が出始めた。サッカーと呼ばれるデコボコの木綿の生地は、淡い黄色地に青のバラ模様の入った布で、それを買ってもらい、ワンピースに仕立てた。原型からおこし裁断して古いガタガタ音のするシンガーの足踏みミシンで縫った。ローネックで提灯袖、下はギャザーとフレヤー。色黒の私によく似合った。その他、オーバーコート、スーツは父の背広を改良。白のピケでツーピースを。ダスターコート、ブラウス、スカート等々。

「ララ物資」LARA（Licensed Agency for Relief of Asis）

「アジア救済連盟」第二次大戦後、アジア地域救済のためにアメリカの宗教・教育・労働団体などで組織された機関。略称ララ。食糧・衣料・医薬などの寄贈を主とした。当時そこから援

助される物資を日本では「ララ物資」と呼んだ。

図工の授業では、これからの女性は、何でも男性にたよってはいけないと、ノコギリやカンナの使い方など、大工仕事も教えられた。

GHQの指導でアメリカ文化の影響が教育に出始めた時期だったのだろう。

お陰で現在でも、棚作りぐらいは、自分でやっている。

社会科の授業が重要視され、「デモクラシー」をマンガ入りの副教本でたたき込まれた。「長い物にまかれろ」「臭い物にはフタをしろ」の旧来の日本的思想を徹底的に排除するよう教育された。従来の「お上」の観念から「公僕」へ、「職業の自由」「男女平等」の教えは新鮮だった。

校庭や体育館でのスポーツも活発化していった。薙刀に替わって、フォークダンスが体育の授業に取り入れられて盛んに踊った。

女学校二年生の秋、小金井の清明寮にご滞在中であった時の皇太子殿下（今上天皇）の学習院中等部等と合同で運動会が行われた。殿下は騎馬戦の競技をなさった。後日、先生より「今日は女学生の前でテレたよ」と殿下が仰せられたという報告があった。その後昭和五十九年、NHKホールで行われた「明るい社会づくり」大会で開会宣言を務めた私は、ホールの楽屋で、帰路の殿下と美智子妃に間近にお目にかかりお言葉を賜った。

放課後には、校庭でテニスに熱中した。当時は庭球と称していた。軟式テニスでボールは古いゴムボール。ボールがへこむと、そのボールのオヘソから注射器で空気を入れながら使った。バレーボールは、全校でクラス対抗が行われ、休み時間になると、校庭のあちこちで、クラス別に練習に励んだ。当時は九人制バレーで私はバックのセンターを務めた。先生方もよくバレーボールをなさっていた。当時は排球と呼んでいた。

体育館では、篭球即ちバスケットボールの競技をよくやった。ランニングシュートには苦労した。

他にクラブ活動では合唱班に席を置いた。近衛秀麿氏の指揮で、山水中学(現桐朋学園中学)の男子生徒と合流して、混声合唱を行った事もあった。講堂を兼ねた体育館がその練習の場所だった。

音楽にとりつかれて

当時の楽譜は、触れれば直ぐに破れてしまいそうな粗悪な紙であった。もちろんコピー機などなかったので、わら半紙にガリ版刷りであった。私は楽譜を借りてきてよく写譜をした。オペラのアリア「椿姫」の「ああそは彼の人か」とか「蝶々夫人」の「ある晴れた日に」など夢中になって写譜したものだ。この頃から私はオペラの世界に進みたいと心に決めていた。藤原歌劇団や、長門美保歌劇団も活動を再開しはじめており、砂原美智子さんとか大谷冽子さん、永田雄二さん、下野川圭介さんなど、また音楽の教師であった畑中良輔先生らが活躍されていた。私は、絶対にプリマドンナになりたいと思った。帝劇や日比谷公会堂での公演には無理をしてよく聴きに行った。当時としては贅沢な趣味で、思うようにお小遣いがもらえず、友達にパンフレットを頼んで集め楽しんだ。一橋大学の兼松講堂にバイオリンの諏訪根自子さんやバリトンの中山悌一さん、園田高弘さんのピアノ等のリサイタルを聴きに行った。結局、親の大反対で音楽学校への進学は断念することになり、オペラの道に進めなかった。この挫折感はその後長く尾を引き、以後絶対に歌う事はなかった。再び私が歌を歌えるようになったのは、それから十五、十六年後、息子のＰＴＡのコーラスに参加してからである。

家にはドイツ製の小豆色のピアノ「シェベスター」があったが、私は殆ど弾かなかった。音感の良い妹は、曲を諳んじてそれを即興でピアノで弾くことが出来たので、ピアノは妹の権限となり鍵がかけられ弾くことが出来なかった。

母は私に「琴」や「琵琶」をやらせたがった。殊に母は筑前琵琶の師範（師範名「旭紫」）を持っていて、私に盛んにそれを教え込みたがっていた。しかし、私は、「琵琶」に対して全く興味が無かったし、母の厳しい指導にはホトホト閉口していたので琵琶の稽古の時間がもてないように、出来るだけ遅くまで、学校の課外活動に励んで、暗くなってから家に帰るようにした。しかし、今にして思えば、全くもったいない折角の貴重な経験を無にしたことを後悔している。誰にでも出来るチャンスではなかったのだから。

運動会は、華やかに行われた。各クラブ単位に、思い思いの趣向をこらして、仮装行列を行った。私は音楽班として、カルメンの仮装をした。派手な舞踏の衣装をまとい、口には赤い大きなバラの造花をくわえて、流し目を使いながらトラックを一周、最後に校長先生にバラの造花を投げた。

千メートルのマラソンは、三分十九秒で一位、母は観客席から、人前構わず、大声で声援をしたとかで、後で母子喧嘩になった。「みっともないことしないで!」と。

一学年上に木田さんという大変音楽的才能のある方がいて、自分で台本を作り、作詞・作曲するのが得意だった。その中の「紺屋のおろく」は畑中先生の夫人更子夫人によってＮＨＫのラジオで放送されたりした。彼女は「安寿と厨子王」をオペラ化し、それを音楽班で文化祭に上演することになった。主役の二人は下級生が務め、私は安寿と厨子王をかくまう坊さん役を演じた。当初は低いアルトの曲だったが、私の声がソプラノだったので、彼女は即座にその場でソプラノ様に曲を書き換えた。

姉が通学していた女子大の文化祭に行った時、コーラスの指揮を女子大生がしているのに感動。自分も是非やりたいと音楽の先生に訴えて、コーラス班の指揮をすることになった。実際にやってみるととても大変な役であることを知った。

途中から男女共学に

一学年下には高原寿美子さんが新聞班でがんばっていた。クラスメートの岩男安佐子さんのお宅に伺ったことがあった。「寿美子」さんというチヂレ毛の可愛い妹さんがいた。

三年生の時、新しい学制が施行された。いわゆる六・三・三・四制の実施である。その頃には、疎開先から帰京する人達が多く東京の人口は増え続けていた。いつのまにか一学年は六クラスとなり、一クラスは六十人の大世帯にふくれていた。高等女学校四年生は、新制高等学校の一年生となった。東京都立武蔵高等学校となって、二年下には、男子生徒も入学して来た。

時々、映画鑑賞ということで、学校から映画を見に行った。池部良主演の「破戒」、グリア・ガースン主演の「キュリー夫人」、ディアナ・ダービンの「オーケストラの少女」、ビング・クロスビー主演の「少年の町」、そして「若草物語」。ジューン・アリンス演ずるボーイッシュで行動的で物おじしない次女役は私とよく似ていると言われて得意になったりした。丁度その頃の私たち三姉妹と雰囲気が似ていたらしい。

終戦の年、旧制女学校の女学生として入学した私たちは、途中で学制改革で新制高校になったために結局六年間を同じ学校で過ごして卒業した。その間に世の中は激動の変化を遂げていた。この六年間を同じ環境で勉学にクラブ活動にと専念できたことは、何と幸せなことであったろう。有意義な思春期をおくることが出来たことに感謝している。

私たちの卒業後、この学校も過激な学生運動の波を受けて、世間の学校同様、大荒れに荒れた時代があったと聞いたが、私たち武蔵という「箱」の箱入り娘達は、外部の社会の混乱に惑わされることなく平穏な学生生活を送ることが出来た。

ともあれ、昭和二十六年三月、六年間通った「武蔵」を卒業した。入れ替わって、妹が越境で入学した。

食料の買い出しはその時代最も重要な営みだった。庭や裏の空き地に、トマトやきゅうり、茄子など植えてその収穫を期待するには、あまりにも心細い。休日は買い出しデーとなった。朝暗い中にリュックサックを背負って家を出る。早朝でないと電車は混んで乗れなくなるので、一番電車に乗る。家を出ると、満天には星が輝いている。行く先は千葉県の成田。南京豆などの豆類が主な買い物である。それを二貫目も背負うとリュックサックの肩紐が肩に食い込んで、途中で何度も土手に寄りかかって休んだ。母は私の倍位を背負っていた。励まし合いながら駅へと急ぐ。帰りの電車はまさに地獄。人の上に人が重なるようなギュウギュウ詰めで息をするのがやっとという状態であった。座席には座ることが出来ず皆座席の上に立っていた。窓ガラスは割れ、シートのラシャ布は切り取られていた。電車の屋根の上や連結器にも鈴なりに人がつかまって乗っていた。皆、大きな荷物を携え、殺伐としていた。家にたどりついてからのことは、全く覚えていない。多分疲れ切って、ゴロンと寝てしまったのではなかろうか。小金井辺りの農家にもよく買い出しに行った。さつまいも、馬鈴薯、かぼちゃ、たまには西瓜など。近いせいもあって日の明るい中に帰ることが出来たが、駅前には、派手な化粧や服装をした女たちが大勢進駐軍の兵士を待ち構えていた。

また、たまには父と自転車で多摩川方面に梨を買いに出掛けたりしたこともあった。途中急な坂があってその登り下りは大変だったが、その坂は今思うとどうも成城の不動坂ではなかったかと思う。

修学旅行は、奈良と京都であった。お米持参で、外米が三分の一入ってもよいという。昼間の見学はあまり覚えていないが、猿沢の池畔の旅館で、夜中に「夜泣きそば」屋さんを呼び止めて、二階のテラスから紐でお金と丼をリフト交換した事は、未だに覚えている。その後先生に大目玉をいただいたことも。その旅行に着ていった服もお手製であった。戦中から家にストックしてあった黒のシュスを「Seventeen」からとったスタイル画をまねて作った。ローウエストでタイトな袖、後ハイネックの返し衿、ローウエストの切り替えにはポケットのペプラムを付けて下はゆるやかなフレーヤー。当時体型が細めであった私には良く似合ったように思う。

その後昭和四十年代位まで、和服洋服を問わず服を自分で作る事は日常化していた。思えばそれまでの女性の仕事として、ごく当たり前のことであったのだ。親が誂えてくれたオーダーメードの服は、女子大を卒業する時のカシミヤの黒のテーラードスーツと、新婚旅行用のツーピース、それにオーバーコート位ではなかったろうか。結婚の支度は和服で揃えられた。

I'm a lady.

I'm a lady. わたしが一番初めに覚えた英語である。

終戦時の混乱と変化は、その後いろいろな面で私たちの生活に押し寄せてきた。敗戦という悲痛なショックを受けたあとには、被災者の受け入れ、疎開先からの帰京、外地からの引き揚げ、復員軍人の帰還など、知人、縁者にあわただしい変化があった。昭和飛行機の工場に学校ごと動員していた姉は、くたくたになって家に帰って来た。飯能の工場から線路伝いに歩いて来たという。口も利けないほど疲れ切っていた。

妹は、集団疎開先の宮城県から帰京。母の喜び様は大変なものであったが、何から何まで甘ったれで手を焼かせていた妹が「いいの、自分でやるから」と言って、すねたようにさっさと身の回りのことをやってのける変化に、母は一寸さびしそうな様子をみせていた。

父の関係の下請け工場が被災したので、その家族を我が家に受け入れた。とにかくその家族は子供達が多く、私たちは圧倒された。

「進駐軍」を町中に見かけるようになった。緑がかったカーキ色のビシッとプレスの効いた軍服に同色の独特のカッコいい帽子を斜めにかぶり、チューインガムをかみながら、幌付きのジープを乗り回していた。疲れ切った私たち日本人とは対照的に、実に颯爽としていた。かれらの周りには、あどけない日本の子供達や、年頃の女たちが派手な化粧や服装でたむろしていた。殊に駅の周辺で多く見かける光景で、通学の行き帰りにはよく目にした。

「"I'm a lady."もし進駐軍から声をかけられたらこう云うんだよ」父は幾度となく繰り返した。欧米では、男の方から先に声を掛けたりするのは、商売女か、それに準じた見下した人の場合に限る——というのが父の認識であった。自分の仕事のこともさることながら、父の心配は、私たち娘らの上に常に注がれていたのだ。

当時は、年頃の日本の女たちが、ハデな化粧や服装で、進駐軍にまつわりついていた。私の小学校時代の同級生の中にもそのような人がいた。当時は「パンパン」と呼ばれていたが、生きる為とはいえ、その化粧や服装は極めてどぎつかった。化粧といえば当時普通の家庭の女性達は、軽く白粉をはたき、紅を薄く指先で付ける程度で、日常殆ど化粧をすることをしなかったし、服装も大方の大人達は地味な色の着物を着ていた。真っ赤なマニキュアなど論外であった。それ故に、彼女ら「パンパン」の存在は殊更に目立った。彼女らは真っ赤にマニキュアを施した指でタバコをくゆらせ、けばけばしい化粧と身なりで駅周辺に出没していた。今は、幸せな家庭のオバーチャン達になっているのだろうか。

女子大へ

オペラ歌手への道を断たれたショックは大きかった。親の勧める日本女子大学に入学したものの、当初は全く学園生活をエンジョイすることができなかった。今になって当時の事を想うと、全国から美しく賢い人達が大勢集まった女子大は、外から見たらうらやましいような花園であったのではなかろうか。全く罰当たりな私であった。

通学は新宿経由であった為、新宿にはよく途中下車をして、映画を見たり、スケートを楽しんだりした。スケートは早朝の割引を利用した。

映画は、武蔵野館、地球座等でよく観たが、バーグマンの「カサブランカ」、マールオベロンの「嵐が丘」、キャサリン・ヘップバーンの「愛の調べ」、グリアガースンの「キュリー夫人」、ディアナダービンの「オーケストラの少女」、など思い出に残る映画は枚挙にいとまが無い。特に「オーケストラの少女」の中でのストコフスキーの華麗な指揮のすばらしかったこと。スクリーンのヒロインたちは、実に堂々と自信に満ちていた。

「石の花」「にがい米」「自転車泥棒」「我が生涯の最良の日」「心の旅路」「若草物語」「わが谷は緑なりき」「少年の町」「ジキル博士とハイド氏」「ガス灯」「誰がために鐘は鳴る」「風と共に去りぬ」「美女と野獣」「双頭の鷲」「禁じられた遊び」「ローマの休日」など名画が次々になつかしく思い出される。邦画は数少なく「破戒」「青い山脈」「カルメン故郷に帰る」「暁に祈る」「浮雲」などなど。


夏休みにはアルバイトをした。大学の厚生部が斡旋の窓口であった。多くは、新宿の伊勢丹と上野の松坂屋で包装とレジ係であった。あるとき山手線田町駅近くにあったトヨタ自動車のサービス部でカード整理をしたことがあった。「あの人は豊田佐吉の孫で」といわれる細身の眼鏡をかけた東大卒の青年が一般社員として働いていた。多分、豊田幸一郎氏ではなかったろうか。

三年生になると「社会実習」が行われた。その実習先は国立精神衛生研究所や、福祉事務所、児童相談所、家庭裁判所などであったが、社会調査のために国立世論調査所で「内職」についての調査実習をしたことがあった。その世論調査所に、皆に「太郎チャン」と呼ばれていた岡田さんという所員がいたが、その人は後に女優の吉永小百合さんと結婚した岡田太郎さんではないかと思う。

教育実習は、台東区の練成中学であった。教壇に立つと教室中の生徒がピンと緊張し、一斉に私をみつめるその真剣さにたじろいだことを思い出す。北アメリカの地理を教えた。教員免許は、その後、東京都教員検定の試験を経て、高校二級、中学一級の社会科の免許を取得した。

「社会福祉の理念」

母の勧めで、女子大の社会福祉学科で学ぶことになったのではあったが、今日の私を私たらしめている基礎は、この時学んだ「社会福祉の理念」にある。

「社会福祉」とは、一部の脱落背離した不幸な人々を救済する社会事業や慈善事業を対象とすることだけではなく、全ての人間が、「ゆりかごから墓場まで」をいかに幸せに、まともに過ごすことが出来るかを究めることである――。この教えは、今もって私を常に蘇らせてくれるのである。

木田教授の「社会保障」という講座があった。当時はまだ国民年金の制度は無かったが、師は「現在は、共済組合年金とか厚生年金とか、職場を中心に年金が考えられているが、将来は、国民一人一人が自己の責任で拠出し、自己の将来を保障するような、国民年金が中心にならなければならない」と力説しておられたが、先見性高い、先生のご見識には、今もって敬意の念を禁じ得ない。

女子大のすぐそばに、ラーメン屋さん（当時は「支那そばや」と云った）が出来た。日本そばと異なって、当時としては珍しい新しい味で、友人達とそののれんをくぐった。ご丁寧にもそこで写真まで撮ったのだが、その写真が父の目に触れて大目玉。娘が町の食堂に入って物を食べるなどもってのほか――、というのである。そのおかげで私は、最近まで食堂やレストラン等に気さくに入る事が憚られた。

卒業を控えて、私は聖路加病院のケースワーカーの試験を受けた。その結果が出ない中に、急に東洋レーヨン株式会社の入社試験を受けないかと大学から連絡があった。当時東洋レーヨンは、本社を大阪から東京に移したばかりで、急ぎ東京での人材を必要としていた。ナイロン華やかなりし頃の東洋レーヨンは、時代の申し子として、若者の憧れの会社であった。急ぎ人手を必要とする機会にめぐり合い私は幸運な入社となった。人事課に配属され、次年度の入社試験の準備の為の仕事をさせてもらった。しかし半年後、結婚の為、退職することになる。

そして結婚

父の経営する会社に「今日、東大の研究室から見学に見える方がいるんだけど、今日は日曜日で事務員が居ないから、アンタお茶出しをして頂戴」と母にいわれ、私は気楽に承知してツッカケ下駄をはいて家を出ようとすると「そんな！　チャンと靴をはきなさい！」という。父の会社は自宅から四〜五百メートルの処という距離なのになんと仰々しいことか。

その時のお客様の一人が、後に私の夫になる宮川行雄であった。生意気な娘の私は、何となく結婚そのものに抵抗があって、結婚話を快しとしない雰囲気があったので、親たちは不意打ちの策に出たのだった。私の意思とは無関係に、親の間で結婚話は進められた。「何が文句があるのか」との様相であった。

彼は弘前の「かくは」七代目のボンボン。生まれた時から乳母に育てられ、子守りやお手伝いさん（当時は小間使いと呼んでいた）、書生などにかしずかれ乍ら成人した。莫大な財産によって、何不自由なく過ごしてきた彼は、三歳の時に父親が他界した父親には縁の薄いさびしい人でもあった。成城学園から東京帝国大学工学部を戦争中の昭和十九年に卒業。そのまま大学の研究室に残った。

宮川家のこと

ここで夫の「宮川家」について書いておこう。

宮川家は、代々青森県弘前で、酒造業、デパート、銀行などを営む、東北でも有数の豪商の家柄であった。「かくは」宮川家は、安政六年に没した専太郎を元祖とするが、四代目の宮川久一郎（大正六年没）が一代で弘前きっての実業家となり、巨大な富を築いた。その事業は、呉服商、酒造業、金融業、鉄道業など広範であった。後に「かくは」宮川呉服店は、東北第一のデパート「かくは宮川デパート」となる。

四代目宮川久一郎は、酒造業では、「白鶴」を明治末期に「宮の鶴」と改名した銘酒を醸造・販売し、金融界では弘前商業銀行頭取などを歴任した。地元政財界にあっては弘前商業会議所会頭、市議会議員を務めた。その生涯はほとんど実業界での活動であったが、地元公共事業にも尽力し、地元の活性化に尽くしたといわれる。

一方、蓄積した財産も莫大で、広大な土地を有し、米の生産量もきわめて多かった。たとえば、酒造業と住まいを兼ねた弘前市松森町の屋敷は広大で、表は旧国道7号線に面し、外郭二

四代目　宮川久一郎

万坪、内郭二千坪の屋敷であった。七つの酒蔵が並び、また、屋敷内には稲荷神社を祀り、私設の消防署まで備えていたという。

屋敷は「三階建ての檜御殿」と呼ばれていた。この広大な屋敷跡の一部は現在大町ニュータウンとして、住宅が立ち並んでいる。

宮川久一郎は大正六年に貴族院議員に選任されるが、その年の十一月に急逝する。

五代目徳助は婿養子で、久一郎亡き後二代目久一郎を襲名して、その息子六代目徳一郎と共に本業の呉服業、酒造業のほか、弘南鉄道などの事業を手掛けた。大正十一年、下土手町角に三階建ての近代建築による新店舗を建てて、百貨店「かくは」を開業、東北地方最初のデパートとなった。

政治面では市会議員、貴族院議員を務めた。父の六代目徳一郎は、若い時から政界進出を志し、市会議員に当選した。時の中央政界の実力者尾崎行雄に傾倒し、その時期に生まれた大行雄の名は、その名に因んで命名されたものである。

昭和46年12月30日　（木曜日）　（6）

ここに人あり

船水　清

（797）

第20話　宮川久一郎

⑧

県下最初の百貨店

本、支店合併して開業

[illegible]

大正12年落成当時の弘前市下土手町「かくは」宮川デパート

昭和46年10月21日より12月31日まで陸奥新報に連載

紋付袴姿で両手を腰にあてがい、しぼるような甲高い声で政治演説をする徳一郎の姿は、市内各所でみられたという。しかし、昭和二年十二月、志半ばにして三十八歳の若さで亡くなってしまった。

父・徳一郎には、離別した先妻かるとの間に二男一女、後妻ことの間に三男一女があったが、長男久徳、次男義一郎、三男竹之助らは、早世、後で私の夫になる四男行雄が昭和十年に七代目として家督を継いだ。十一歳であった。

一家を挙げて東京へ

その後、夫行雄の母は手広い家業の煩わしさからの解放を求めて、一家を挙げて東京に移り住む。東京でも、長年蓄積された宮川家の莫大な財産を基に、東京・成城学園正門前に秋田檜造りの豪邸を構え、七人の女中と書生、曾祖母付の看護婦をおいて、贅沢三昧の生活を営んだ。当時、何枚もの百円札を財布に入れて、日本橋の三越に買い物に行くと、大勢の人達が珍しがって母ことの回りを取り囲んだという、後々までの語り種であった。

建坪九〇坪、部屋数二十、別棟には鉄筋コンクリート造りの蔵を備えた、この地域でもきわだった豪邸であったが、三階建ての御殿から移り住んだ曾祖母は「宮川家もこんなになってしまったか！」と嘆くことしきりだったという。

自作自演

自作子演

外国夫人とのパーティー・1961 年山本嘉次郎氏宅

しかし、この様な生活も、終戦後の狂気のインフレによって、財産価値は見る見る下落していった。昭和三十年頃には、かつての栄華の面影はなく、私どもの結婚を機に成城学園正門前の豪邸を引き払って、その近くに所有していた一三〇坪ほどの土地にコジンマリとした住居を造り移った。

その頃、社会党委員長鈴木茂三郎氏が住居を物色中で「家」を見に来たが、あまりの豪壮さに「大衆政治家としてのイメージに合わない」との理由であきらめたという話もある。インフレという宮川家にとっては不幸な社会経済の流れもさることながら、何の苦労もなく「殿様」扱いで生きてきた宮川にとって、使用人を含め、回りの人々の権謀術策にはひとたまりもない。不動産も財産の処分もすべて人任せにしていたので、特定の使用人や縁者が私腹を肥やしながら適当に処分してしまい、豪邸も財産も淡雪の如く消えていったようである。

昭和三十年、私どもが結婚し、姑とお手伝いでスタートした新生活は、母の懐を当てにする人々の朝な夜なの出入りが続き、落ち着ける状態ではなかった。夫は、これらの状態に困惑しながらも持ち前のお殿様そのままといった有様であった。翌年長男が生まれたが、私はこれら出入りの人々によって精神的に圧迫され続けた。私は、これらの人が来る度に、長男を乳母車に乗せ、近くの成城学園の構内へ散歩に出かけた。また、生活協同組合が行うイベント――洗剤や張り物器・調理器具等の説明会等に極力出かけることにした。その中、英会話教室が開かれることになり、私は幼い長男を連れて参加した。講師は『津田塾』出の中村先生。生徒は、七~八人であった。しかし、先生のご家庭の事情により中断。続いて講師を引き受けられたのが、近くに住まわれていた米国人のエリザベス・マッカラン夫人。成城町には、終戦後から彼らの気に入った家を接収して多くの欧米の家族が暮らしていた。マッカラン夫人は、他の欧米夫人にも声をかけられて、ご自宅でティパーティをなさったり、料理の得意なライト夫人を呼んで料理教室を開かれたりした。またワシントンハイツ(戸山)のハスキンス夫人宅の訪問や、その夫君の勤務地である立川基地の見学など企画もされた。ライト夫人の料理教室には、当時ご婚約中の清宮貴子さまが参加されたこともあった。私は、五月五日の子供の節句にみなさんを私の家にお招きしたこともあった。昭和三十年代のことである。

外国の婦人たちの生活に学ぶ

ワシントンハイツの地域暖房をはじめ、駐留軍の充実した施設や設備には痛く感動した。当時の日本の一般家庭では暖房といえば火鉢とせいぜいタンク付きの石油ストーブ位であった。その後私がいろいろな都市計画を提唱する時、この時代の駐留軍の驚異的な試みが根底にあるのかもしれない。

マッカラン夫人の離日後は、その友人のカンキャノン夫人、ネフ夫人、ジャクソン夫人へと引き継がれた。昔、山田耕作氏が住んでおられた住野邸のカンキャノン夫人は、料理が得意で週一回の料理教室を持たれ、そのレシピ等はご自分でタイプして渡された。メニューは必ずデザートがセットされていた。ネフ夫人の会話教室では、三船敏郎さんの夫人とご一緒だったときもあった。

二月のバレンタインパーティには赤いものを、五月のシャモラックパーティにはグリーンのものを身につけて参加するよう招待状に書かれていた。その時々のインビテーションカードは、一枚一枚が手製で、きれいな小花などが画き添えられていた。人を自宅に招くとなると日本の主婦は、台所でてんてこ舞いが普通であったが、彼女らは、きれいにドレスアップをして、美しいテーブルクロスを敷いて、銀の燭台にローソクを灯し、ピカピカに磨き上げたティポット、シュガーポット、ミルクポット、スプーン、ホークなどを並べ、お手製のクッキーとケーキで私たちを迎え入れた。カルチャーショックがここにもあった。

カンキャノン夫人は、丁度そのパーティー当日が誕生日にあたる人がいると、直ちにケーキを作ってプレゼントするという早業も。クリスマスには、ケーキを何十個も作って戦争孤児の施設にプレゼントするのだ—とも聞かされた。ジャクソン夫妻は、施設に靴職人を連れて行き孤児一人一人の足のサイズを採って、靴をプレゼントするのがクリスマスの慣例になっていると楽しそうに話された。巷には、物資があまり出回らなかった昭和三十年代のことである。料理に使うフィラデルフィアチーズやバター、ショウタニング、スパイス類、また調理器具のビーターやパイ皿、ボルダー、シートなどは、青山の紀伊国屋やPX、基地等で調達された。

欧米の夫人たちは、実にしっかりしたスケジュールで毎日を過ごしていた。月曜日は墨絵、火曜日は生け花、水曜日は茶の湯、木曜日はボランティア活動、金曜日は買い物等々。その積極的で前向きな生活態度は、子守り、炊事、洗濯、掃除、買い物等で明け暮れている自分を含めて多くの日本女性とは、まるで別世界の人々であった。彼女たちの服装は、常にきちんとした補正下着をつけ、幾何学的なシルエットに必ずアクセサリーをつけていた。殊にイヤリングには重きを置いているようであった。そのころの日本女性社会ではイヤリングの風習などまるでない時代であった。コルセットやガードル等は高価な絹製がデパートなどにはあったが、一般には高根の花であった。襦袢・着物からアッパッパの簡単服に移行した日本婦人には、一部の人々を除いて補正下着の感覚はなかった。下着と云えばシュミズかスリップ、パンティーぐらい。アクセサリーは、せいぜいパールのネックレス。昭和三十年頃はそんな時代であった。

私も木目込み人形造りや木彫りを始めた。材料の調達は、浅草橋の問屋街まで足を延ばした。そして離日する夫人たちに雛人形や弁慶、鏡獅子、猩猩など作って贈った。

ジャクソン夫人は、宝塚歌劇の観劇に招待して下さった。女学生時代の友達の中には、『宝塚』に夢中な人も多く、春日野八千代、乙羽信子、淡島千景などのプロマイドが教室内を駆け巡っていたが、当時の私は、グランドオペラに熱中していたので『宝塚』には興味が無く、それまで一度も観に行ったことは無かった。帰りは、山王ホテルでご馳走になった。周りは欧米人一色。フランス式のテーブルマナーを一応心得てはいたが、アメリカ式は自由で堅苦しくなく、スープが終わらなくてもパンはいつでも食べてもよいこと、コーヒーも食事の間、自由に飲めることなどを知った。要するに楽しみながら食事をすることが一番のマナーであるということ。

ネフ夫人らとは鎌倉に遊んだ。ネフさんの末子のジョンは私の長男と仲良しで、太陽プールや盥で水遊びなどしてよく遊んだ。長男のロバートは十五歳。夫人ご自慢の息子で、彼のすぐ下にナンシーとスーザンの二人の妹が居たが、彼はよく台所の片付けをしていて、スプーンを布巾で磨きながら出て来たりした。男の子には台所の仕事などさせないもの―と思っていた私には驚きであった。彼の屈託のない台所の仕事振りには、少しのミジメッタさも卑屈さもない。今、彼はどこかの新聞社の特派員として日本で活躍している。

アメリカでも「ミス○○」のコンテストはいろいろな町で盛んに行われるということであるが、その審査基準は、美しさばかりではなく、家事の能力も入っており、これが最も重視されるとのことであった。

次々と外国人が母国に引き揚げて行くのと並行して、私も子供たちのＰＴＡの仕事が忙しくなっていった。長男は、私の期待に応えてよく勉強してくれた。

ＰＴＡ活動の合間を縫って私は成城学園ＯＢの主催するバッハ研究会に「外人部隊」として参加し、幼い次男を連れてエクスカーションにも行ったりした。

また市川房枝さんの婦選会館の政治講座や、母校日本女子大のＯＧ対象のセミナー『リーダーシップ・マネジメント』や、一番が瀬康子氏の社会事業史セミナーに週一、夜参加した。また財団法人大学婦人協会の会員になって、ヨーロッパのツアーに同行した。

成城学園のＯＢによるバッハ研究会では、日仏会館で前田幸一郎氏指揮による発表会を行った。プログラムも自分たちの手作りで、企画、運営に至るまで若い人たちの実行力には感服させられた。

京都国際会議場での国際大学婦人協会総会

自作自演　力作

自作自演　力作

大学婦人協会　ヨーロッパ旅行

エジンバラ市議会議場　1990 年

PSB 会長・エジンバラ市長（中央）と

ローデンスブルグで民族衣装を買う
1973 年

大学婦人協会でヨーロッパへ

大学婦人協会では、国際第二委員会に属し、一九七三年のヨーロッパツアーに参加した。アンカレジ経由で、コペンハーゲンを皮切りに、プラハ、東ベルリンから西ベルリンへ、ハノーバー、ゲッチンゲン、ローデンスブルグを通ってシュッツトガルト、チューリッヒ、ユングフラウ、さらにパリ、オスロ、アムステルダム等をまわったが、私にとっては初めての海外旅行であった。

多くの感慨を土産に、アムステルダム空港より南まわりのジャカルタ経由で帰路に着いた。ベトナム戦争の真っ只中、飛行機から地上のあちこちに黒煙が立ち上っているのが見えた。

機内で何と『武蔵高校』時代の原田先生にバッタリお会いした。スペインで絵を画いて来られたとか、アムステルダム空港から同乗だったのだ。実に卒業以来二十数年ぶりの再開であった。

翌一九七四年には、出来たての京都国際会議場で国際大学婦人協会の総会が行われ参加した。前年のヨーロッパツアーはそのキャンペーンでもあった。開会式には、美智子妃殿下がご臨席になった。私は、開会と閉会のパーティ用に、ロングドレスと和服の訪問着を自分で仕立てて着た。帰京の新幹線の隣の席はジュディーオングさんで、東京まで一緒だった。

運転免許の取得

「静穏権・静かさは文化のバロメーター」を出版してから後しばらくの間私は、マスコミの取材を受けるのに忙しくなった。その中の一つ、社団法人・倫理研究所の機関紙「新生」の取材を受けて後、その研究所の主催する「朝のつどい」に参加するようになった。早朝、自転車で会場に通うことの心地よさを味わっていたが、雨の日や風の日の通会に悩んだ。その日の昼間にある会合のために折角セットした髪は、メチャメチャになってしまう。そこで息子に車での送り迎えを頼むのだが、早朝五時前の事とてなかなかスムーズにいかない。三食昼寝付きの御仁なのにと腹が立って早朝の喧嘩になってしまう。「車があるのだから自分で運転すればよいのだ」と、気が付いた。幼い時から乗り物酔いのはげしい私は、車の運転など考えたこともなかった。が、ここ一番と奮起した。若い人たちに混ざって、学科や実技に励んだ。

若い教官は、覚えの悪い私にウンザリ顔であったが、「年寄りには、やさしく、丁寧に教えて頂戴!」と私に居直られて参っていた。若い人の倍の時間をとって免許取得と相成ったが、私の夫は、運転をしないし、息子もエスコートの当てにならない。たった一人で路上に出ることの不安と恐怖は最たるものであった。しかし、「倫理研究所」の仲間たちは進んで乗りこんでくれた。全く命知らずな人たちである。

私は五三歳になろうとしていた。おりしも、母が入院することになり、八王子の病院まで中央高速道路を通ってよく通った。このコースは、高速教習のコースでもあった。その後の母の通院にも免許取得は役立った。母のために運転免許を取得したような事になった。

ゴルフ

近くのゴルフ練習場でミズノゴルフ教室が開かれた。冥土の土産にゴルフもよいではないか。と、早速入会し練習に通った。年齢のせいか、センスのせいかは知らないがなかなか思うように上達が望めなかった。しかし、スクールの主催するツアーには極力参加した。上手になってからではいつ参加できるか知れない。ＰＧＡのゲイリー・ワイレン博士のフロリダのご自宅へ伺ったり、博士のお陰でアメリカの名門コースの数々を廻ったりすることが出来た。

技術はダメだが、格好は一人前。成田空港の検閲はフリーパス。おまけに「試合ガンバッテください！」と挙手の礼までされての通過である。

北京への旅は、天安門事件の勃発で中止されたが沖縄、香港、中山（ちゅうさん）、マカオへ遠征？　した。大きなカバンとゴルフのフルセットバッグを抱えて。

ＰＧＡで　1988年

プロゴルファー　ティリーとラウンド　フロリダ1988年

いつまでも元気に世のため人の為に働こう

二〇〇三年九月二十日、私は日本プロポーション協会主催による全国ゴールデンプロポーションコンテストが行われた横浜アリーナの舞台の上に立っていた。その年のコンテストの総挑戦者は二九〇万人。一次・二次の予選を潜り抜けた百人の出場者の中に。

前年の三月よりダイエットに挑戦し、体重マイナス18キロに成功した。コンテストに出ないかとのさそいに「コンテストなどとんでもない！」と、頑なに拒絶していた。

が、周りの人の落胆や、度重なる薦めを受けているうちに、自分の傲慢さに気が付いた。素直にダイエットの成功に喜べない自分。多くの人々に支えられてきたことの感謝のなさ。「この種のコンテストを一種独特なジャンルとして視ている高慢さ。この罪深さ！　この罪滅ぼしはみんなの期待に応えて、コンテストに出るしかない。亭主もいないことだし。息子にばれたら「あら悪かったね」と、さりげなくやり過ごせばよい！　一日だけ運動会か、学芸会だと思えば良いではないか」かくしてコンテストの出場を決めた。

東京大会：黒のタイツにピンクのレオタード。初めから終わりまで、ニタニタと照れ笑いの連続。「冥土へのよいお土産になります」と挨拶。しかし、入賞。次は中野のサンプラザでの関東大会。「もう一日学芸会にお付き合いか」と率直に喜べない私。まだ傲慢な自分が残っていた。自分で車を運転して会場に。控室は、島倉千代子さんなどが使うという部屋。周りから競争心がビンビンと伝わってくる中、「早く一日が終わらないかなぁ」と時間ばかり考えていたが、たびたび様子を覗きに来る仲間に言わせると私は「控室の奥でデーンと威張っていた」とのことである。

またもや入賞。横浜アリーナで行われる全国大会へ出場することとなってしまった。さぁ、それからが大変。自分は何と云う事をシデカシテしまったんだろう。それからの毎日は後悔の連続となった。サロンでは、応援団を結成。銀や金、赤、黄、緑などキンキラな小道具を造り応援の練習が始まった。「この人たちの為にも何とかしなければならない。出来れば優勝を」初めて私の中にコンテストに対する真剣な闘志がわいてきた。

サロンの鬼チーフは、やさしさの奥に怖さをのぞかせて、私のチェック時には、他のメンバーの来店を拒否。サラ・ブライトマンの美しい歌声のアベマリアや子守唄のバックグラウンドを流す。話し相手もいない一人ぼっちのサロンで、私はサラ・ブライトマンの歌に合わせて口ずさんでいるしかない。突然「それにしましょう」と鬼のチーフ。かくして、アリーナでの私のマイクアピールは、ベルディの『乾杯の歌』と決まった。何十年も本格的に歌ったことがな

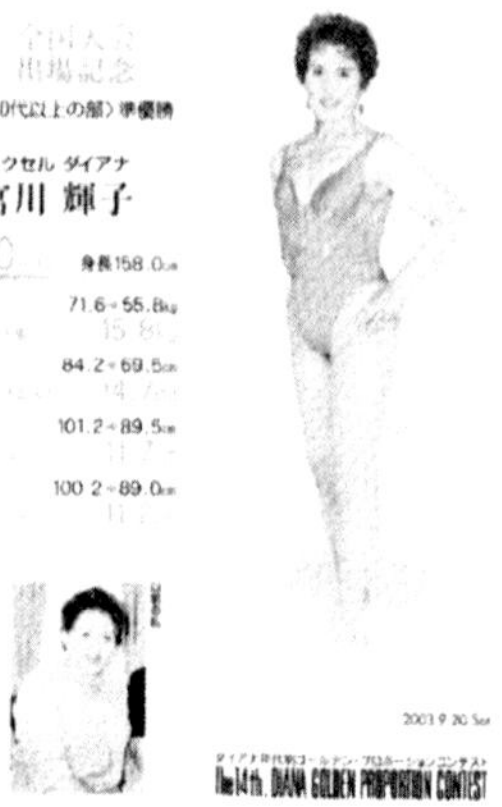

2003年　71歳

い。折角歌うのであれば、出来るだけ惨めには終わりたくない。応援団の為にも。先ずは発声練習。夕やみ迫るころを見計らって二子玉川の河原へ川風に向かっての発声練習に通ったのである。時はおりしもススキの季節。その花粉ですっかり喉を傷めてしまった。高熱を出し寝込む始末。チーフは、宮崎県のご親戚からマタタビの焼酎漬けやら滋養強壮剤やらを取り寄せる。

　まだ本格的に元気にならないうちに本番当日を迎えた。借りてきた猫のように大人しい私に周りはとても気を使ってくれるのが心苦しかった。

「Libiamo, libiamo, ne' lieti calici, che la bellezza infiora.如何です！　この七十歳の私！　昨年までの私は、階段の上り下りや立ち居振る舞いも苦痛で、ハイヒールで歩くことなど出来なくなっていました。お蔭で、18キロの減量で、心身ともに爽快さを取り戻しました。皆さん！　八十才になっても九十才になっても颯爽と世のため、人の為に働こうではございませんか。私を甦らせてくれたダイアナに……カンパーイ！」一〇一人の応援団もカンパーイ！　と呼応。当日のために用意された金・銀・赤・黄・緑等で飾りつけたボンボン、プラカード、メガホン、とんがり帽子、レイ等の小道具を使って、マイクアピールと相呼応しながら懸命な応援に二万人の会場を沸かせたのだった。

身体の肥満は心の肥満

私は、六十才の時脂肪肝と診断され、医師から「やせること」を厳命されていた。あらゆるエステにも通い、いろいろなサプリメントを試し、補正下着類も幾通りも着用した。痩身ヨガや水泳教室、スポーツジム等に通ったりした。痩身運動機具も幾つか購入し試みるも失敗の連続であった。歩くことも、階段の上り下りも辛い。体を動かすこと、何もかも億劫で気持ちまで滅入ってしまった。しかしやせたい、いや、やせなければならないというあせりは、常にあった。

友人のスタイルを褒めたことがキッカケで、そのサロンへ連れていかれた。トータルに体型を整え、体の中から良くしていくやり方であることを理解した。測定後、私の理想数値とシミュレーションが提示されるや全く異議なし！　このプログラムをスタートすることに決めた。とはいっても、果たして講釈通りに行くかは疑問。その疑いは一ヶ月ほど続き、週一回のチェックでは、「まあ400グラム減りましたね！」「今日は500グラム！」との、サロンの歓喜も空々しく喜べない。一日4～500グラムの増減など、さして驚くに値しないと思っていた。ところが、いつの間にか、体重マイナス12キロ、体脂肪マイナス10％、ウエストマイナス14センチになっているではないか。身が軽くなったばかりではなく、気分までも爽快になって頭もクリアーに！　心身ともにスマートになったのだった。肥満は心身の健康に大敵であることを実感した。

創業七十五年企業の取締役会長に

私が小学校入学を控えた昭和十四年三月、海軍を辞して起業のため東京に出で準備を進めていた父は、自宅近くの竹藪を開墾して、会社を設立した。

父は来る日も来る日も夕方暗くなるまで泥まみれで、竹を切り、竹の根を掘り起こしていた。ブルドーザーもパワーシャベルもない時代。鍬とスコップ、鉞などでおそらく二〇〇本以上はあったであろう孟宗竹の大きな根っこと格闘の毎日だった。幼かった私は、幼すぎて手伝うことのできないもどかしさで見守るしかなかった。乳母車の中の妹は、藪蚊の被害に遭っていた。後年、学業成績の奮わない彼女に「あの時脳炎に罹っていたのかも」と両親はいぶかった。

世は戦雲立ち込める中、気が付いた時には、工場には多くの深川や新橋の芸者さんたちが『徴用』として働いていた。爆弾の上の部分。大きなプレス機で厚い鋼板をぶち抜き円錐形にまとめ、それに羽を三枚ハンダで取り付ける。コークスで真っ赤に焼けた七輪を一列に並べた両側に姐さんかぶりの芸者さんたちが並んで座ってハンダ鏝で羽をつけてゆく。単純な作業の士気を鼓舞する為であろうか流行歌が流れていた。「男純情の〜……」灰田勝彦さんの軽快な歌を私はすぐ覚えた。家で、得意げに歌ったことで、それ以後工場への出入りを禁止された。父は納品先である横須賀の海軍工廠へよく行った。今と違ってガタンゴトンと乗り継ぎながらの道中は、父としても味気なく孤独だったのだろう。夏休みには、私をお供に連れて行くのが常であった。といっても女の子など海軍工廠の中に入れるはずはなく、私は近くの海の家に預けられ海水浴をしながら父の迎えを待つのであった。その頃の写真を見ると私は海焼けで真っ黒である。家にあっては、杭打ちや庭造りなど父の土方仕事の手伝いに付き合わされた。まさに、男の子そのものの扱いであったが、私の気質に合っていたのか一向苦にならなかった。

戦後、いろいろの業種の相談が持ち込まれたが、遊具つまり、ブランコ、滑り台、ジャングルジムや鉄棒などの製造へ移行された。時は、戦禍で瓦礫と化した国土の回復と、学校建設でこれらの遊具の需要は時代の要請を受けて広がっていった。日本全国どこへ行っても父の会社の▽マークの遊具で埋め尽くされていった。

その頃、ＧＨＱの指導で経営者対象の講習が行われた。最先端の経営学をアメリカの一流経営経済学者について学ぶ。損益計算や損益分岐点、固定費、収益率など、細かなメモリの計算尺をスライドさせながら夜遅くまで勉強をしていた父の姿を思い出す。

また父は、「借金ゼロ。税金を如何に多く収めるかが企業のステータスだ」とする、実に誠実な人であった。

父の最大の悩みは男の子がいない事であった。「輝子が男の子だったらなァ」と、だれかれ構わず愚痴るのだった。当時は、特別なことが無い限り、女の子は家事に精通すること、良妻賢母が唯一の道のように思われていた。私は私で、将来はオペラ歌手を目指して音楽学校の進学を望んでいた。

高校時代から私の趣味は洋裁だった。大雑把な母のやり方に反抗して私の仕事は細部にまで緻密だった。そんな私を見て父は「輝子の仕事場を造らないとなァ」と言わしめた。ちなみに私の裁縫、数学、社会図工の成績は、秀またはＡであった。オートクチュールや既製服が出回るようになる昭和四十年頃まで、自分の着物や服、子供たちの殆どの服も、私が作ったものである。

父は諦めきれなかったのか、婚家先の私に「簿記」を勉強するよう求めた。私に対する父の期待に姉夫婦はあからさまな嫌悪を投げかけたが、私は、家事の合間を縫って『村田簿記』の通信教育を勉強する。「貸方と借り方」の概念は、今でも忘れられない驚きであった。

父の死は突然であった。父の存命中から父を排除しその座を狙っている者は居たが、後継者指名には困難を極めた。私の夫宮川も取締役として経営に参加することで、その暴走は抑えられ健全な発展を遂げていった。しかし宮川が居なくなるや否や、堰を切ったようにその暴挙は始まった。いつの間にか十四億円の資産は消え、増えたものは借金と役員の経費。宮川が取締役の時代には、二桁であった収益率はマイナス十数パーセント、多くて1～2パーセントで推移する始末となった。この異常な常態化に私は株主総会で正すもののその答えは得られず、二十年が過ぎた。その間私は、ラド英会話学院のレッスンに通いながら『シスアドや簿記』の勉強をして、会社の経営状態を検証することだけは怠らなかった。

シスアド勉強中　73 歳の時

今私は、八十歳にしてようやく父創業の会社の取締役会長として、会社経営に携わることになった。宮川が居た時代の十分の一にも満たない業績規模に落ち込んだ会社の規模と信頼を如何に回復させるか。正常な経営状態に戻すには。落ち込んでいる社員の士気と自信と誇りを喚起するには。と、私に課せられた課題は大きい。傘寿を超えての体力の衰えは何とも悔しい。しかしやらねばならない。「社員一人一人が生き生きと輝ける会社」めざして！　幽顕一如。多くの周りの人々、幽界の父や夫や息子たちに見守られながら。「人生は神の演劇・その主役は己自身である」と。

エピローグ

昭和五十一年、「第一種住居専用地域におけるクーリングタワーの設置禁止」の署名運動から始まった「静穏権確立をめざす」環境保護活動は、その後大きな波紋を広げながら環境改善の営みを行ってきた。カラオケ規制、拡声器音規制、家庭電気器具・掃除機、洗濯機、冷蔵庫、ボイラー、クーラー等の運転音低減、生活マナーの規範作りなど、また「上馬交差点付近の道路騒音公害」や「小田急線沿線の鉄道騒音公害」の公害等調整委員会に申請した責任裁定事件は、それまでの公共事業の意識改革の一大転換を実現させた快挙であった。

カラオケ業は、防音が義務化された。拡声器によるちり紙交換等の規制も強化された。各種家庭電化製品の運転音の低減化は研究課題となりその効果は、競って企業のキャッチコピーとなった。神経症的なけたたましい電車の発車ベルや電話のベルは、趣向を凝らした音楽音となり、ピアノや楽器などの使用は防音が義務付けされた。

上馬交差点に始まった高速道路の公害の問題は、防音壁の研究開発を促進させ今では景観的にも効果的にも格段の進歩を遂げて日本各地に設置されている。又都会の中の高速道路の桁下は、歩行者の不快さをクリアーしている。

小田急線沿線の鉄道騒音に関する責任裁定申請事件は、都会の中での新設鉄道の地下化を促進させている。又、ロングレールの採用、車輛の開発で、走行音の低音化は驚異的進歩を遂げている。

これらの活動に、よく「ご主人様の協力が大きいですよね」と云われて来た。茲に改めて申し上げる。

私は、唯の一度として、私の活動に、夫の力を借りたり相談したりしたことは無い。それは、私には到底及ぶべきもない高次元の御仁として、高次元の科学者として、余計な世事の苦労や泣き言、愚痴などで煩わせるべきではない……との思いからである。しかし、主人の存在そのものは、私の大きな蔭の力であった。

厳格であったけれど温かい愛情で包んでくれた父、忍耐が培われた過酷な戦争の少女時代。デモクラシーを叩き込まれた女学生時代。社会福祉の真髄を肝に銘じさせてくれた女子大時代。そして、私を外へ社会へと窓を大きく開いてくれた権謀術策の係累・縁者たち。自主性を培ってくれた寡黙な夫。女性の生き方を如実に示してくれた外国婦人たち。そして何よりも「思いやり」の心の大切さを埋め込んでくれた長男。物事へのファイトを与えてくれた批判勢力。自分を大切にする極みは「捧げること」と自信を深めてくれた倫理運動。甘えと思い上がりに気

宮川　父子

づかせてくれた『癖』を持つ仲間。今、私は深い感慨を以て来し方を振り返る。喜び、悲しみ、驚き、苦しみ、憎しみ等は血となり肉となって私の今を支えてくれている。

レーチェル・カーソン女史の『沈黙の春』は、農薬公害の恐ろしさを警告したものであるが、人間の思い上がりを強く戒めた書である。

この書が今までとは異なった角度から、社会を、環境を捉え直して、より良い地球人としての在り方を考えて頂ける手立てとなれば、私としては、この上なく幸せである。

いつまでも健やかに颯爽と人生を闊歩しよう！　輝け！　女性の二十一世紀！　八十歳からの人生に乾杯！

【著者紹介】

宮川輝子（みやかわ・てるこ）

昭和八年二月東京に生まれる
昭和二十六年東京都立武蔵高等学校卒業
昭和三十年日本女子大学卒業
同年　宮川行雄と結婚
昭和五十一年より「静穏権」を掲げ、環境保護活動を行う
昭和五十八年環境公害研究所設立
平成二十四年日都産業株式会社　取締役就任
主な著書
『静穏権』日本評論社
『輝け！二十一世紀』旺文社・環境公害研究所
『静かさは文化のバロメーター』文芸社
『松竹梅』（松宮竹）文芸社
『日本のロケット　真実の軌跡』ルネッサンス・アイ
『いつまでもお美しくお健やかに　続・日本のロケット真実の軌跡』ルネッサンス・アイ

2023年5月31日発行

著　者　宮川輝子
発行者　向田翔一

発行所　株式会社22世紀アート
〒103-0007
東京都中央区日本橋浜町3-23-1-5F
電話　03-5941-9774
Email: info@22art.net　ホームページ：www.22art.net

発売元　株式会社日興企画
〒104-0032
東京都中央区八丁堀4-11-10 第2SSビル 6F
電話　03-6262-8127
Email: support@nikko-kikaku.com
ホームページ：https://nikko-kikaku.com/

印刷
製本　株式会社PUBFUN

ISBN：978-4-88877-200-6